电网企业劳模培训系列教材

开关柜检修及案例分析

国网浙江省电力有限公司　组编

中国电力出版社
CHINA ELECTRIC POWER PRESS

内容提要

本书是“电网企业劳模培训系列教材”之《开关柜检修及案例分析》分册，采用“项目—任务”结构进行编写，以劳模跨区培训对象所需掌握的专业知识要点、技能要点、典型案例三个层次进行编排，包括跟着浙电劳模看结构、装开关、做检测、干检修、学运维、查回路、练绝活7个模块。

本书可满足现场岗位培训、劳模跨区培训及技能鉴定的综合要求。既可供变电设备技能人员学习及培训使用，也可供其他相关专业人员学习参考。

图书在版编目（CIP）数据

开关柜检修及案例分析 / 国网浙江省电力有限公司组编 .—北京：中国电力出版社，2018.12

（电网企业劳模培训系列教材）

ISBN 978-7-5198-2336-8

Ⅰ. ①开…　Ⅱ. ①国…　Ⅲ. ①开关柜－技术培训－教材　Ⅳ. ① TM591

中国版本图书馆 CIP 数据核字（2018）第 192903 号

出版发行：中国电力出版社
地　　址：北京市东城区北京站西街 19 号（邮政编码 100005）
网　　址：http://www.cepp.sgcc.com.cn
责任编辑：刘丽平（liping-liu@sgcc.com.cn）
责任校对：黄　蓓　郝军燕
装帧设计：王英磊　赵姗姗
责任印制：石　雷

印　　刷：北京时捷印刷有限公司
版　　次：2018 年 12 月第一版
印　　次：2018 年 12 月北京第一次印刷
开　　本：710 毫米 ×980 毫米　16 开本
印　　张：14.25
字　　数：203 千字
印　　数：0001—2000 册
定　　价：54.00 元

编 委 会

编 写 组

丛书序

国网浙江省电力有限公司在国家电网公司领导下，以努力超越、追求卓越的企业精神，在建设具有卓越竞争力的世界一流能源互联网企业的征途上砥砺前行。建设一支爱岗敬业、精益专注、创新奉献的员工队伍是实现企业发展目标、践行“人民电业为人民”企业宗旨的必然要求和有力支撑。

国网浙江公司为充分发挥公司系统各级劳模在培训方面的示范引领作用，基于劳模工作室和劳模创新团队，设立劳模培训工作站，对全公司的优秀青年骨干进行培训。通过严格管理和不断创新发展，劳模培训取得了丰硕成果，成为国网浙江公司培训的一块品牌。劳模工作室成为传播劳模文化、传承劳模精神，培养电力工匠的主阵地。

为了更好地发扬劳模精神，打造精益求精的工匠品质，国网浙江公司将多年劳模培训积累的经验、成果和绝活，进行提炼总结，编制了《电网企业劳模培训系列教材》。该丛书的出版，将对劳模培训起到规范和促进作用，以期加强员工操作技能培训和提升供电服务水平，树立企业良好的社会形象。丛书主要体现了以下特点：

一是专业涵盖全，内容精尖。丛书定位为劳模培训教材，涵盖规划、调度、运检、营销等专业，面向具有一定专业基础的业务骨干人员，内容力求精练、前沿，通过本教材的学习可以迅速提升员工技能水平。

二是图文并茂，创新展现方式。丛书图文并茂，以图说为主，结合典型案例，将专业知识穿插在案例分析过程中，深入浅出，生动易学。除传统图文外，创新采用二维码链接相关操作视频或动画，激发读者的阅读兴趣，以达到实际、实用、实效的目的。

三是展示劳模绝活，传承劳模精神。“一名劳模就是一本教科书”，丛书对劳模事迹、绝活进行了介绍，使其成为劳模精神传承、工匠精神传播的载体和平台，鼓励广大员工向劳模学习，人人争做劳模。

丛书既可作为劳模培训教材，也可作为新员工强化培训教材或电网企业员工自学教材。由于编者水平所限，不到之处在所难免，欢迎广大读者批评指正！

最后向付出辛勤劳动的编写人员表示衷心的感谢！

丛书编委会

前　言

本书的出版旨在传承电力劳模“吃苦耐劳、敢于拼搏、勇于争先、善于创新”的工匠精神，满足一线员工跨区培训的需求，从而达到培养高素质技能人才队伍的目的。

本书在知识内容方面，主要依据《11-055 职业技能鉴定指导书　变电检修（第二版）》和《国家电网公司生产技能人员职业能力培训规范》，以提升岗位能力为主，结合近年来相应的新技术、新方法，同时汇集开关柜设备生产实践过程中具有普遍代表性和典型性的案例内容。

本书在编写结构方面，主要采用“项目—任务”结构进行编写，以劳模跨区培训对象所需掌握的专业知识要点、技能要点、典型案例三个层次进行编排，包括跟着浙电劳模看结构、装开关、做检测、干检修、学运维、查回路、练绝活 7 个模块，具有架构合理，逻辑严谨，理念新颖等特点。尤其在技能要领中，采用图文并茂的方式解说专业技能，深入剖析原因。教材具有系统的结构知识体系。

本系列教材由国网浙江省电力有限公司组编，本书在编写过程中得到国网技术学院、华北电力大学及省内相关电力培训、检修等单位及徐华、郑晓东、汤金兴、吕红峰、郑云等专家的大力支持和帮助。在此谨向参与本书审稿、业务指导的各位领导、专家和有关单位表示衷心的感谢！

由于时间仓促，编者水平有限，书中难免存在疏漏之处，敬请广大读者予以指正。

编　者

2018 年 10 月

目 录

丛书序

前言

项目一 开关柜结构 ………………………… 1

任务一 开关柜结构解析 ………………………… 2

任务二 真空断路器结构原理解析 ………………………… 9

任务三 开关柜“五防”要求及功能 ………………………… 19

项目二 开关柜安装 ………………………… 25

任务一 开关柜安装前准备工作 ………………………… 26

任务二 开关柜现场施工 ………………………… 33

任务三 开关柜安装质量验收 ………………………… 38

项目三 开关柜检测 ………………………… 55

任务一 检测分类及检测结果处置原则 ………………………… 56

任务二 断路器停电检测项目 ………………………… 58

任务三 柜内电流互感器停电检测项目 ………………………… 73

任务四 柜内电压互感器停电检测项目 ………………………… 80

任务五 柜内避雷器停电检测项目 ………………………… 87

项目四 开关柜检修 ………………………… 93

任务一 开关柜检修概述 ………………………… 94

任务二 断路器拒合故障检修 ………………………… 98

任务三 断路器拒分故障检修 ………………………… 103

任务四 弹簧储能故障检修 ………………………… 106

任务五 温、湿度控制器故障检修 ………………………… 111

任务六 断路器缓冲器故障 ………………………… 119

任务七　开关柜内断路器检修 …… 121
任务八　开关柜异响检修 …… 129
任务九　开关柜内部互感器检修 …… 132
任务十　高压开关柜绝缘件检修 …… 135
任务十一　开关柜紧急故障处理 …… 140
项目五　开关柜运维 …… 147
任务一　开关柜运维的相关规定 …… 148
任务二　开关柜巡视 …… 151
任务三　开关柜的操作和运维 …… 155
任务四　运维一体化示例——开关柜指示灯不亮处理 …… 158
任务五　运维一体化示例——开关柜带电显示器故障处理 …… 160
任务六　运维一体化示例——开关柜局部放电带电检测 …… 163
项目六　开关柜二次回路检查 …… 175
任务一　开关柜二次回路原理 …… 176
任务二　开关柜二次回路检查方法 …… 183
任务三　开关柜相关保护配置 …… 191
项目七　练绝活 …… 201
任务一　开关柜内 VS1 型断路器合闸弹簧拆装“小绝活” …… 202
任务二　开关柜内断路器手车梅花触指拆装“小绝活” …… 206
任务三　开关柜底盘车常见缺陷处理“小绝活” …… 209
任务四　开关柜局部放电整治“小绝活” …… 211
参考文献 …… 215

坚守一线　执着奉献

——记国家电网公司工匠曹辉材料

曹　辉

工作以来一直从事变电设备一线工作，至今已有20个年头。多年的辛勤耕耘，曹辉收获了“浙江省劳动模范”“浙江省职工职业道德建设标兵”“中共浙江省直属机关工委标杆党员”等荣誉。

勤奋踏实，是专业的领衔人。多年来，他积极追求，挑战自我，从一名普通检修工成长为浙江省首席技师、国网工匠，并在省市级变电检修、维修电工、应急技能、培训师技能等技术比武竞赛中斩获11项奖项。变电检修工作在旁人眼里只是一种粗活累活，冬天喝着“西北风”，夏天晒着“日光浴”，但曹辉并不这样认为，曹辉所在岗位主要负责温州地区220、110、35kV电压等级200余座变电站的设备故障抢修与相关技改工作。他视工作为快乐，总是严格以党员标准要求自己。他技术水平高，年年安全生产无违章，从未发生由于检修原因造成的缺陷。

业务精湛，是实践创新标兵。曹辉喜欢琢磨工作细节，善于研究新点子。针对变电站内10kV开关室进线穿墙套管板涡流发热的问题，曹辉提出了改良对策并付诸实施。他受委托在浙江电网SF_6气体使用回收及安全防护研讨会中进行经验介绍并推广，获得好评。2014年参加国家电网公司举办的“智能电网服务、美丽电网建设”论文评比并获一等奖。他主持或参与了30项大型技术改造，消除供电缺陷千余条，获得过近20项创新成果，获得国家发明专利3项，实用新型专利11项。带领团队成功解决了“广场变110kV GIS改造”“官庄变主变柜带电红外测温关键技术”等难题。他提出的合理化建议《10kV手车式断路器综合检修装置的研制与运用的建议》获得第五届浙江省安全生产合理化建议一等奖，浙江省职工安全生产“十佳金点子”。

尽职履责，是电网维护能手。2013年台风“菲特”肆虐温州大地，待洪水退去后，曹辉顶着烈日坚持奋战在工地上。曹辉积极投身社会公益事业，在温州发生“7·23”动车追尾事故之后，作为电力应急基干队伍的一名成员，曹辉第一时间赶赴现场，参与救援。在救援结束后，不顾劳累前往血站无偿献血。曹辉是应急事故处理中的急先锋，每次应急必然冲锋在最前头，日夜鏖战排除电网故障是家常便饭。2017年，根据“十三五”西藏地区电网建设的需要，曹辉又远赴西藏那曲地区进行对口帮扶。

倾囊相授，是传道授业楷模。曹辉领衔的工作室是浙江省总工会、科技厅等联合命名的“省职工高技能人才创新工作室”，也是国家电网公司首批示范点。在曹辉的带领下，先后9人获“温州市技术能手”称号。作为国网优秀技能专家，2015年他被外派国网技术学院担任兼职教师。在学院教学期间，他不满足于简单的上课培训，而是将实际案例融入课程当中，让学员们扮演平时工作的各个角色，将自己的工作经验带到了课堂，让学员们在独树一帜的教学体验中获益良多。

曹辉在平凡的一线岗位上，用行动和朴素的情感书写了超强的责任感和使命感，用执着诠释着一名国家电网人的工匠精神。

项目一

开关柜结构

【项目描述】

本项目包含开关柜的基本结构等内容，通过结构介绍，熟悉开关柜的结构及工作原理；掌握开关柜的“五防”联锁等知识。

任务一 开关柜结构解析

【任务描述】

本任务主要讲解开关柜型号的含义、开关柜的结构及防止误操作的联锁防护及其他保护功能等内容。以下讲解以 KYN28A-12 开关柜为例。

【知识要点】

开关柜是在发电、输电、配电和电能转换过程中进行分合、控制和保护的用电设备。按照系统一次线设计方案和功能的需要，将开关电器与其他元器件和测量仪表、继电保护等组成不同结构的户内设备或控制设备，一般统称为开关柜。开关柜是成套配电装置的一种，它是以断路器为主的成套电气设备。

按照电压等级分类，通常将交流 1kV 及以下的开关柜称为低压开关柜，交流 1kV 以上的开关柜称为高压开关柜，有时也将电压等级交流 10kV 的开关柜称为中压开关柜。按照断路器安装方式、柜体结构，又可分为金属封闭式、一般固定式及特殊环境使用型。

国产开关柜的型号含义如下：

①②③④—⑤/⑥⑦⑧

① 产品名称：K（铠装式）、J（间隔式）、X（箱式）、G（高压开关柜）。

② 结构特征：Y（移动式或手车式）、C（手车式）、F（封闭式）、G（固定式）、S（双母线式）、P（旁路母线式）、K（矿用）。

③ 使用条件：N（户内）、W（户外）。

④ 设计系列序号。

⑤ 额定电压 kV。

⑥ 一次方案号。

⑦ 操动方式：D（电磁操动）、T（弹簧操动）、S（手动）。

⑧ 环境特征代号：TH（湿热带型）、G（高海拔型）。

【技能要领】

一、基本结构

根据柜内主设备的功能，开关柜柜体被隔板分成断路器室、母线室、电缆室和二次仪表室四个单独的隔室。

1. 母线室

母线室布置在开关柜的背面上部，其功能是装布置三相交流母线及通过支母线实现与静触头的连接。柜与柜拼接安装时，主母线通过穿柜套管相互贯穿连接，支母线分路如图 1-1 所示。

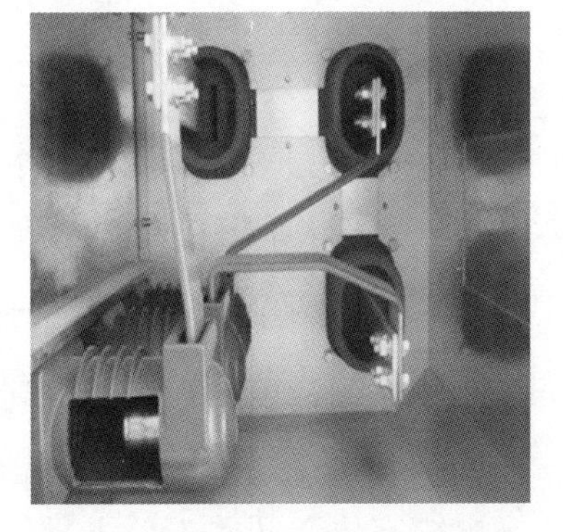

图 1-1　KYN28A-12 开关柜母线室

母线布置方式一般有水平布置、垂直布置和三角形布置三种。母线采用矩形截面的铜排，用于大电流负荷时采用双根，甚至三根，也有厂家使用管形母排、D 形母线。母线宜优先采用倒角母线，矩形母排倒角不小于 R5；母线端头、机械活门边缘应采用倒角打磨等措施。安装触头盒和穿墙套管等绝缘件的螺栓孔宜内置，螺栓采用内六角结构。全部母线用绝缘套管、热缩套塑封。在母线穿越开关柜隔板时，用母线穿柜套管将母线固定隔离，支母线通过触头盒固定隔离。如果出现内部故障电弧，能限制事故蔓延到邻柜，并能保障母线的机械强度。

主母线柜间穿柜套管固定板应采用非导磁钢板，防止母线通流时产生涡流发热。

2. 断路器室

在断路器室内两侧底部安装了特定的导轨，供断路器手车在柜内移动。

断路器手车能在工作位置、试验位置之间移动。隔离静触头的活门挡板安装在断路器室的后壁上。手车从试验位置移动到工作位置过程中，通过活门传动机构实现活门挡板自动打开。反方向移动时，活门自动闭合直到手车退至一定位置完全覆盖住静触头盒，形成了有效隔离。上、下活门一般不联动，在检修时，可锁定带电侧的活门，保障了运维、检修人员不触及带电体。

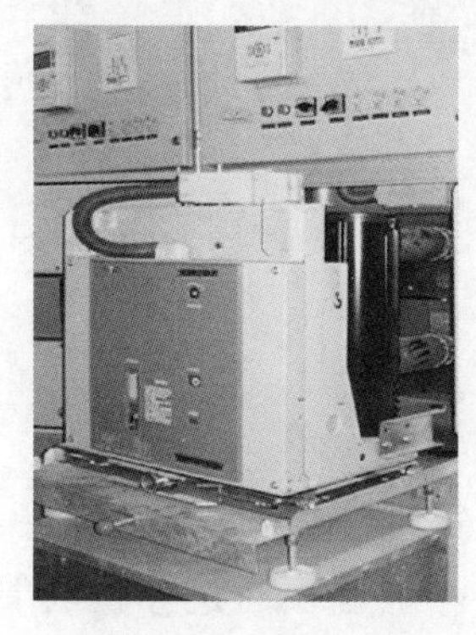
图 1-2　KYN28A-12 开关柜内断路器手车

手车移动可采用手动或电动方式进行，目前普遍采用的方式是手动操作。断路器手车框架由合金钢板拼装而成，上面装断路器、操动机构和其他设备，如图 1-2 所示。装有弹簧触头系统的触臂安装在断路器的极柱上，当手车插入到运行位置时起电气连接作用。断路器手车与开关柜之间的保护、控制和信号功能，采用二次插件连接。手车在推入开关柜时就固定在试验/隔离位置，同时也可靠地连接到开关柜的接地系统。手车操作时，通过门上观察窗，可以观察手车的所在位置，同时也能够通过二次仪表室面板上位置指示器反映手车位置。观察窗要求采用防爆玻璃，防护等级不小于 IP4X，且随开关柜同步通过内部燃弧试验。

除真空断路器外，手车可配真空接触器、隔离装置和计量设备等。

3. 电缆室

电缆室位于开关柜后下部，一般安装有电流互感器、接地刀闸、避雷器等设备，如图 1-3 所示。中置式的开关柜电缆室，空间较大还可安装线路电压互感器。当电缆室门打开后，有足够的空间供施工人员进入柜内安装电缆（一般要求能实现双拼，即每相两根）。也可将手车和手车下方可抽出式水平隔板移出后从正面进入柜内安装和维护。盖在电缆入口处的底板可采用非导磁的不锈钢板，是开缝、可拆卸的，确保了施工方便。底板中穿越一、二次电缆的变径密封圈开孔应与所装电缆相适应，为防小动物进入，施工后需采用防火泥、环氧树脂将开关柜进行密封。电缆室后柜门观察窗应能清晰观察接地刀闸状态，观察窗可采用透红外窗口，便于对电缆头及导体搭接部位进行测温。

4. 二次仪表室

二次仪表室的面板上，安装有继电保护装置、操作把手、保护出口压板、仪表、带电显示装置、状态指示灯（或状态显示器）等；室内安装有端子排、微机保护控制回路直流电源开关、保护工作直流电源、储能电机工作电源开关（直流或交流），照明以及特殊要求的二次设备，如图 1-4 所示。延伸联络的控制线路敷设在足够空间的线槽内，并配有金属盖板，将二次线与高压室隔离。左侧线槽是为外部引入线的引进和引出预留的，开关柜内部的二次线敷设在右侧。在二次仪表室的顶板上有小母线槽，顶盖板可翻转，便于小母线安装。

图 1-3　KYN28A-12 开关柜电缆室

图 1-4　KYN28A-12 开关柜电二次仪表室

二、基本功能

1. 防止误操作的联锁功能

开关柜具备安全可靠的机械或电气联锁装置，从根本上防止出现人身伤害和可能引起严重后果的误操作，因此有效地保护了操作人员和开关柜，联锁装置的功能如下：

（1）断路器和接地刀闸在分闸位置时，手车能从试验/隔离位置移动到运行位置。在断路器分闸状态下，手车也能反向移动，手车移动到试验/隔离位置时，接地刀闸才能进行合闸操作。

（2）手车完全处于试验或运行位置时，断路器才能进行合闸操作（机械和电气联锁），而且在断路器合闸后，手车无法移动。

（3）手车在试验或运行位置而没有控制电压时，断路器不能合闸，仅能手动分闸。

（4）手车在运行位置时，二次插头被锁定，不能拔出。

（5）接地刀闸分闸时，下门及后门都无法打开。同时下门及后门未关闭时，接地闸刀不能拉开。

（6）接地刀闸关合时，手车不能从试验/隔离位置移向运行位置。

（7）可在手车和/或接地刀闸操动机构上安装附加联锁装置，如闭锁电磁铁等，用于提高可靠性。

2. 高压带电显示装置功能

开关柜中，经常使用高压带电显示装置。该装置由高压传感器和显示器两个单元组成，经外接导线连接为一体。当主回路带有高压电时，它经过电容分压原理输出低压电压信号，点燃氖灯，以灯光信号发出提示。也可以用输出的低压信号去控制电磁锁，构成强制性闭锁。带电显示装置的感应元件多安装在传感器绝缘子或支持绝缘子当中，支持绝缘子有一定强度，可起到支撑作用。运维人员通过观察指示灯就可以知道哪一段主回路在带电运行。

3. 泄压装置功能

在断路器室、母线室、电缆室的上方设有泄压装置，泄压装置的一边由非金属螺栓（尼龙）固定，在高温、高压力作用下该螺栓及时融化，确保压力释放。当断路器、母线或者电缆等元件发生内部故障电弧时，开关柜内部压力升高。由于前门观察窗采用防爆钢化玻璃结构，门上密封圈、铰链及螺栓可靠固定，此时顶部装置的泄压金属板自动打开，释放压力和排泄气体，确保了操作人员和开关柜的安全。

4. 防止凝露和腐蚀功能

在高湿度或温度变化较大的气候环境中会产生凝露，这给设备运行带来安全隐患，因此在断路器室和电缆室内分别装设加热器。加热器采用常投和自动投切方式，结构上使用小功率电阻加热，布置方式为开关柜内多点布置，并与二次回路保持足够的安全距离，防止加热器对二次回路造成影响。

断路器和电缆室采用通气板结构，加热器与温、湿度控制器分散布置。

【应用举例】

目前，KYN28A-12Z 型户内金属铠装式开关设备使用较为广泛。该型号开关柜主要应用在发电厂、工矿、企事业单位的配电以及电力系统中，起到控制、保护、实时监控和测量之用。有完善的“五防”功能，配用 VS1 真空断路器、VD4 真空断路器、VEP 真空断路器。

1. 型号含义

KYN28A—12Z/①②③—④⑤

K——铠装式金属封闭开关设备。

Y——移动式。

N——户内用。

28——设计序号。

A——改进顺序号。

12——额定电压，kV。

Z——主开关类型真空断路器。

①——主开关配用机构类别（D 或 T）。

②——特殊使用环境代号：TH（湿热带型）、G（高海拔型）、W（污秽型）。

③——额定电流，A。

④——额定短路开断电流，kA。

⑤——企业自定符号。

2. 技术参数

开关柜技术参数如表 1-1 所示。

表 1-1 开关柜技术参数

项目		单位	数据
额定电压		kV	12
额定绝缘水平	1min 工频耐压（相间、对地/断口）	kV	42/48
	雷击冲击耐压（相间、对地/断口）	kV	75/85
额定频率		Hz	50

续表

项目	单位	数据
额定电流	A	630、1250、1600、2000、2500、3150、4000
主母线额定电流	A	1250、1600、2000、2500、3150、4000
分支母线额定电流	A	630、1250、1600、2000、2500、3150、4000
额定短时耐受电流（4s）	kA	16、20、25、31.5、40、50
额定峰值耐受电流	kA	40、50、63、80、100、125
防护等级		外壳 IP4X，断路器室门打开为 IP2X
外形尺寸（宽×深×高）	mm	800(1000)×1300(1500)×2200
质量	kg	800～1200

3. 产品结构

KYN28A-12Z 型开关柜产品结构如图 1-5 所示。外壳防护等级为 IP4X，各小室间和断路器室门打开时的防护等级为 IP2X。为保证良好接地，柜体外壳和各隔板均采用敷铝锌钢板弯折后拴接而成或采用优质防锈处理的冷轧钢板制成，板厚不小于 2mm。

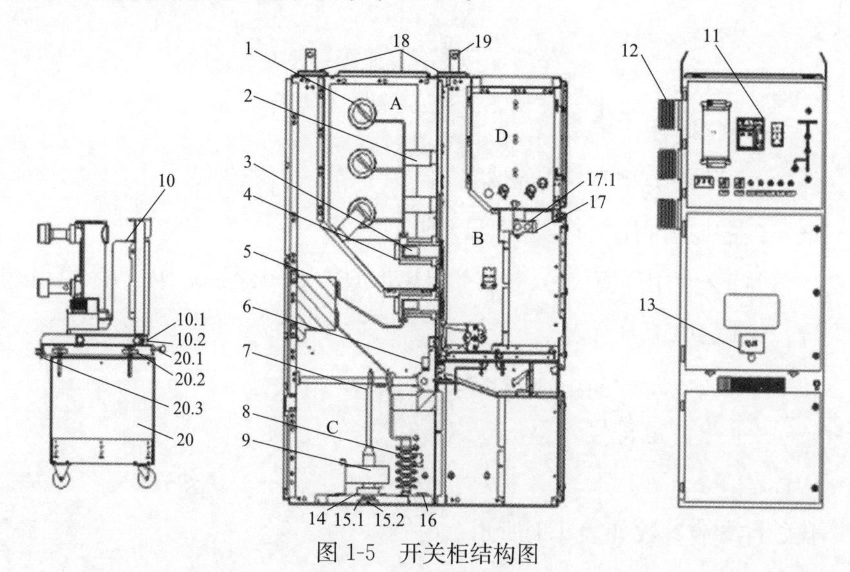

图 1-5 开关柜结构图

A—母线室；B—断路器室；C—电缆室；D—二次仪表室；1—母线；2—绝缘子；3—静触头；4—触头盒；5—电流互感器；6—接地刀闸；7—电缆终端；8—避雷器；9—零序电流互感器；10—断路器手车；10.1—滑动把手；10.2—锁键（联到滑动把手）；11—控制和保护单元；12—穿墙套管；13—丝杆机构操作孔；14—电缆夹；15.1—电缆密封圈；15.2—连接板；16—接地排；17—二次插头；17.1—联锁杆；18—泄压装置；19—起吊耳；20—转运车；20.1—转运车操作把手；20.2—转运车底盘调整把手；20.3—转运车定位销

任务二　真空断路器结构原理解析

【任务描述】

本任务主要讲解真空断路器的主体结构、控制回路的组成及动作过程等内容。通过概念描述、结构介绍等，使读者掌握真空断路器的工作原理。下文讲解以常见的 VS1 型断路器为例。

【知识要点】

一、真空断路器的特点

（1）触头开距短。10kV 和 35kV 的真空断路器的触头开距分别为（11±1)mm 和（23±2)mm 左右。

（2）燃弧时间短，且与开断电流大小无关，一般只需 0.5 个周波。

（3）熄弧后触头间隙介质恢复速度快，开断近区故障性能好。

（4）触头在开断电流时烧损轻微，触头寿命长。

（5）体积小，重量轻。

（6）适于频繁操作，特别是适于开断容性负荷电流。

（7）真空灭弧室的真空度无法在线监视。

（8）由于采用磁吹对接式平面触头，分合闸弹跳问题严重。

二、真空灭弧室的灭弧原理

当动、静触头在真空中分离的瞬间，电流在触头刚分离的某一点或某几点上，触头的接触电阻急剧增大；温度也迅速升高，使触头产生金属蒸气，同时形成极高的电场强度，阴极产生电子的热发射，金属蒸气被游离而形成所谓真空电弧。真空电弧形成后，就会在阴极表面出现电流密度大于 104A/cm^2 的阴极斑点，使阴极表面局部区域继续产生金属蒸气和发射电子，维持真空电弧。

在电弧中的离子和粒子形成局部的高压力和高密度，因而迅速向四周扩散。当电弧电流过零时，由于电弧能量减少，电极的温度降低，电极不再向弧隙提供金属蒸气，使弧隙的带电质点迅速减少并向外扩散，电弧即不能维持而熄灭。电弧熄灭后，弧隙间的介质绝缘强度迅速恢复，使电流过零后不再重燃。

三、常见的真空断路器

目前，常见的户内 12kV 真空断路器大体可归纳为如下几类：

（1）瑞典 ABB 公司 VD4 型真空断路器以及参照其结构改进设计的产品 VS1（ZN63A）型。

（2）国内自行设计的 ZN28 系列真空断路器，这是早期的设计产品，对奠定国内真空断路器制造业的基础有很大意义。

（3）德国 SIEMENS 公司的 3AH1、3AH3、3AH5 型真空断路器，以及在该公司早期产品 3AF 型和 3AG 型基础上参照设计的国产 ZN12 型和 ZN65 型真空断路器。

（4）日本日立公司的 VK 型真空断路器，其弹簧操动机构与 3AH3 型大体相同；三菱公司的 VPR 型真空断路器。

（5）美国 GE 公司生产的 PowerVAC 及 VB2 型真空断路器。

【技能要领】

一、真空断路器的基本结构

真空断路器的主要由真空灭弧室、支持框架和操动机构三部分组成。

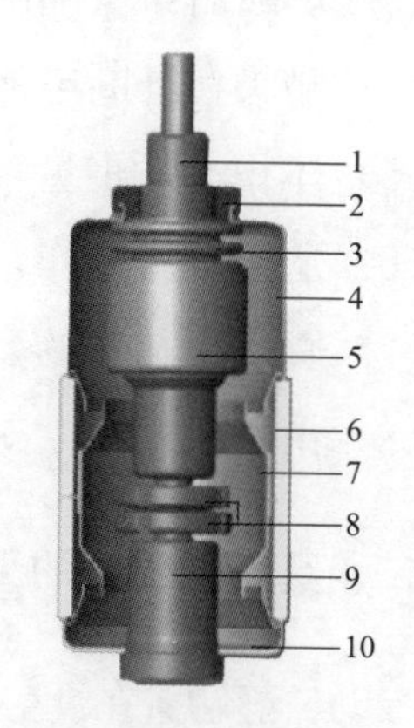

图 1-6 真空灭弧室的结构

1—出线杆；2—扭转保护环；3—波纹管；4—端盖；5—屏蔽罩；6—绝缘外壳；7—屏蔽罩；8—触头；9—出杆线；10—端盖

真空灭弧室是真空断路器的核心元件，承担开断、导电和绝缘等方面的功能，真空灭弧室的基本元件由外壳、动/静触头、不锈钢波纹管（密封）、屏蔽罩、法兰、支持件等组成，如图 1-6 所示。所有的灭弧零件都密封在一个玻璃（或陶瓷）制成的绝缘容器内。在动静触头外面四周装有无氧铜板制成的屏蔽罩的作用是防止触头间隙燃弧时所产生的金属蒸气、金属离子、炽热的金属液滴等飞溅在玻璃（或陶瓷）壳内壁上而破坏其绝缘性能。

真空断路器的屏蔽罩的作用：屏蔽罩是真空灭弧室中不可缺少的部件，并且有围绕触头的主要屏蔽罩、波纹管屏蔽罩和均压用屏蔽罩等多种。

主屏蔽罩的主要作用是：防止触头间隙燃弧时所产生的金属蒸气、金属离子、炽热的金属液滴等飞溅在玻璃（或陶瓷）壳内壁上而破坏其绝缘性能；改善灭弧室内部电场分布的均匀性，有利于降低局部场强，促进真空灭弧室小型化；冷凝电弧生成物，吸收一部分电弧能量，有助于弧后间隙介质强度的恢复。

二、真空断路器的寿命

真空断路器的寿命有真空寿命、机械寿命和电气寿命三类。

（1）真空寿命：用以衡量真空灭弧室出厂之日起，经运输、存放、安装和运行后，其内部真空度是否在允许工作的真空度内。真空寿命是否损坏，主要是经过测试灭弧室内的真空压力是否在允许工作的最大值之上。

（2）机械寿命：指断路器自出厂之日起的机械动作次数，完成分、合操作即算一次，一般可达10000次以上。机械寿命主要取决于不锈钢波纹管的寿命，机械寿命终了是波纹管破裂。影响机械寿命的主要因素，除本身制造质量外，还可能有下原因使波纹管加速损坏：

1）使用环境的影响，如受化学腐蚀、高温等的影响；

2）由于使用或调整不当，使波纹管产生塑性变形；

3）工作时实际行程过大或操作机构缓冲器的缓冲力过大；

4）导向装置不符合要求，动触杆运动时摇动或波纹管摩擦；

5）波纹管受到过大的扭力而损坏。

（3）电气寿命是指额定短路电流的开断次数或者是额定工作电流的开断次数。电气寿命是否终了，可用触头允许磨损厚度来确定，当触头磨损达到规定值时即表示灭弧室的电气寿命终了。

三、真空断路器灭弧室真空度的鉴定与更换

1. 灭弧室真空度鉴定

真空灭弧室的真空失效有两种情形：一种是机械寿命终了波纹管破裂或其他意外事故灭弧室外壳破裂漏气，使灭弧室内部处于大气状态。这样的灭弧室工作时会产生击穿，灭弧室颜色会因为大气中水汽作用而改变，动导电杆失去自闭力，比较容易判断；另外一种是管内没有处于大气状态，而是由于种种原因使灭弧室内部压强高于允许的最高工作压强，使灭弧室不能正常地工作。常用以下方法来定性判断真空度合格与否：

(1) 火花计法，只适用于玻璃管真空灭弧室，只可做定性的检查。将高频火花打开，让火花探测仪在灭弧室表面移动，在其高频电场作用下内部有不同的发光现象，若管内有淡青色辉光，则管内真空度为133Pa以上；如呈红蓝色，说明管子已失效；如管内已处于大气状态，则不会发光。

(2) 观察法。只能定性对玻璃管真空灭弧室进行观察。真空灭弧室内部真空度的劣化常常随着电弧颜色的改变及内部零件的氧化。若内部有红色或乳白色辉光出现，真表明真空度失常，需更换。

(3) 工频耐压法。对于真空断路器，要定期对断路器主回路对地、相间及断口进行交流耐压试验。检测方法如下：将灭弧室两触头拉至额定开距，逐渐增大触头间的工频电压，10kV断路器施加42kV/min的试验电压来鉴别。如果真空灭弧室内部发生持续火花放电，则表明真空度严重降低，否则就表明真空度符合要求。对于真空度严重劣化的真空灭弧室，采用工频耐压法是一种简单有效的方法。

(4) 真空度测试仪，利用专用的真空度测试仪，定量测量其真空度。目前比较精确的方法是磁控法。常用的真空度测试仪有VCTT-ⅢA型和ZKZ-Ⅲ型，该方法较适用于制造厂对真空灭弧室的真空度进行检测。

真空断路器的真空度直接关系到断路器的绝缘性能和灭弧性能，实际

工作中要正确判断灭弧室的真空度是困难的。断口工频耐压试验是检查灭弧室真空度的最有效方法，目前普遍采用。

2. 灭弧室的更换

当真空灭弧室处于下列情况之一时，均应予以更换：

1）真空度明显下降或工频耐压试验不合格。

2）灭弧室的机械寿命已到规定值。

3）动、静触头的磨损大于等于 3mm 已到规定值。

4）灭弧室受到损坏已不能正常工作。

更换灭弧室的工作比较简单，一般可按制造厂的使用说明书的规定程序进行，更换结束后，应对设备的装配尺寸、断路器的行程、超行程、开距进行测量，不合格时应以调整，而后进行工频耐压试验。

四、真空间隙的绝缘性能和影响间隙击穿的因素

真空间隙的绝缘性能：真空间隙气体稀薄，气体分子少，分子的平均自由行程大，发生碰撞的概率很小。由此，即使在真空间隙中存在自由电子，在其从一个电极运动到另一个电极时，也很少有机会与气体分子碰撞。所以，碰撞游离不是真空间隙击穿的主要原因。真空间隙的绝缘强度远比空气的高。理论上，真空间隙的击穿强度可达 1000kV/mm，实际试验结果为 30～40kV/mm。

真空间隙击穿强度的影响因素：电极的材料、电极形状及表面状况、真空间隙长度、真空度、电压的类型及波形、真空间隙的老炼。

老炼对真空灭弧室绝缘性能的影响：老炼是使新的真空灭弧室经过若干次击穿或使暴露的表面经受离子轰击的一种过程，是用来消除或钝化表面突起而使之成为无害缺陷的一种手段。经过老炼，消除了电极表面的微观凸起、杂质和其他缺陷，从而提高了间隙的击穿电压并使之接近稳定。

老炼分为电压老炼和电流老炼。电压老炼是在高电压作用下间隙产生多次小电流火花放电或长期通过预放电电流。电流老练是让间隙之间燃烧

直流或交流真空电弧，其作用主要是除气和清洁电极，因而可以改善开断性能。

【典型案例】

1. 案例描述

VS1 型真空断路器是目前国内改进设计较为成熟的产品。操动机构为弹簧储能机构，一个操动机构操作三相真空灭弧室。操动机构主要包括两个储能用拉伸弹簧、储能传动装置、传力至各相灭弧室的连板、拐臂以及分/合闸脱扣装置。此外，在框架前方还装有诸如储能电动机、脱扣器、辅助开关、控制设备、分/合闸按钮、手动储能轴、储能状态指示牌、分/合闸指示牌等部件。操动机构适用于自动重合闸的操作，并且由于电动机储能时间很短，同样也能够进行多次重合闸操作。VSI 型断路器的信号指示与控制设备示意图如图 1-7 所示。

图 1-7 VSI 型断路器的信号指示与控制设备示意图

1—断路器操动机构外壳；1.1—面板；1.2—两侧的起吊孔；2—储能状态指示器；3—断路器分合位置指示器；4—断路器动作次数指示；5—手动合闸按钮；6—手动分闸按钮；7—储能手柄；8—铭牌

2. 技术方案

如图 1-8 所示，断路器在合闸位置时的主回路电流路径为：从上出线座 3 经固定在绝缘筒 4 上的灭弧室上支架到位于真空灭弧室 5 内部的静触头，而后经过动触头及导电夹 6 后，经软连接至下出线座 7。

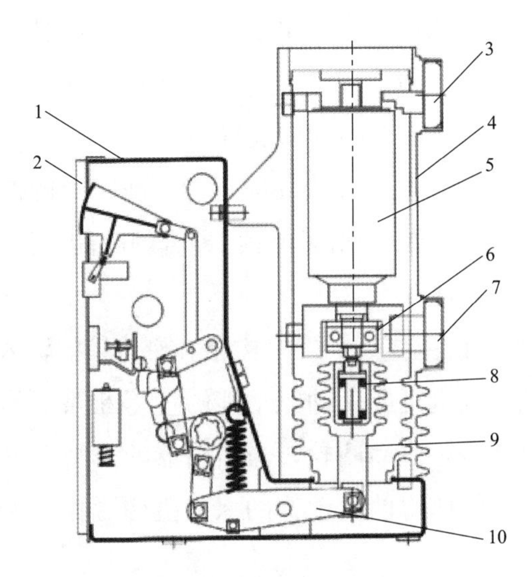

图 1-8　VSI 真空断路器剖视图

1—断路器操动机构外壳；2—面板；3—上出线座；4—绝缘筒；5—真空灭弧室；6—导电夹；7—下出线座；8—触头弹簧；9—绝缘拉杆；10—传动拐臂

视使用场所情况，可在绝缘筒上增装一个防尘盖（作为附加装置）。这种设计有助于防止闪络的发生，并作为断路器内部污秽的附加保护。在实际使用当中，额定电流 1250A 及以下等级的断路器在运行时可不必去除防尘盖，额定电流 1600A 及以上等级的断路器运行时则必须去除防尘盖，以免影响断路器散热。

（1）断路器的操动机构和灭弧室分别布置在断路器的前后两面。操动机构和灭弧室共同布置在一个共用的框架上，使得整个断路器有着很好的结构刚度和传动机械效率。这种整体性的布置使断路器具有稳定的机械特性和可靠的电气性能。操动机构弹簧有手动储能和电动机储能两种储能方式。

（2）断路器的主导电回路布置在后半部。真空灭弧室通过高绝缘性能的支撑绝缘子支撑在断路器的基架上，上下垂直布置，灭弧室的固定端朝上，动端朝下。操动机构和灭弧室之间的传动连接布置在断路器的下部。

灭弧室的下部设置有独特的动导电杆变直机构，通过这个变直机构把操动机构输出给灭弧室的机械运动变成沿着灭弧室动导电杆轴线方向的上下直线运动。为了确保灭弧室的动导电杆正确的运动方向，在每一相的变直机构里都设置了专门的动导电杆的导向装置。

（3）断路器的弹簧储能式操动机构布置在断路器的前半部。操动机构设计成清晰、独立布置的四个功能单元，即合闸功能单元、分闸功能单元、传动功能单元和辅助功能单元。

1）合闸功能单元的主体是一个机构箱。机构箱的输入部分是储能电机和手动储能轴的轴端，电机或手动驱动能够使得断路器的合闸弹簧拉伸储能。机构箱的输出部分是驱动凸轮，当断路器的合闸电磁铁执行合闸指令时，电磁铁的动铁芯将使得储能弹簧的保持机构脱扣，由储能弹簧带动驱动凸轮进行合闸操作。

2）分闸功能单元的主体是一个合闸保持机构。合闸保持机构的一端与断路器的传动主轴发生关系，通过这一关系实现断路器合闸状态的有效保持。合闸保持机构的另一端是一个脱扣机构，当断路器的分闸电磁铁执行分闸指令时，这个脱扣机构能够在分闸电磁铁铁芯的驱动下可靠地使得合闸保持机构脱扣，完成断路器的分闸操作。合闸保持机构的脱扣机构还可以接受手动驱动，实现断路器的手动分闸。

3）传动功能单元是断路器连接操动机构和灭弧室的传动部分，主要包括传动主轴、分闸弹簧、分闸缓冲器等结构件。传动功能单元负责把断路器操动机构的驱动输出传递给灭弧室的动导电杆，并且实现规定的机械特性参数。

4）辅助功能单元主要由分、合闸电磁铁、辅助开关、二次引出接线端子等部分组成，实现断路器操作所必需的与外部的接口。

（4）灭弧室。断路器的灭弧室可采用陶瓷外壳或玻壳。两种灭弧室具有相同的触头材料和纵磁场触头结构。使用陶瓷外壳灭弧室时还可以选用瓷壳外表带有伞裙的加大表面爬距的灭弧室，以提高产品抗污秽和抗凝露的能力。两种灭弧室都可以满足真空度不低于 1.33×10^{-3} Pa 时正常储存、使用年限不低于 20 年的基本要求，其动作寿命都不低于断路器的机械寿命次数。

(5) 动作过程。按照断路器动作原理可分为储能、合闸动作、分闸动作、自动重合闸四个步骤。

1) 储能。如图 1-9 所示，通过驱动储能轴（可以由储能电动机自行进行，也可用储能手柄顺时针旋转储能轴 14 进行手动储能），储能轴再带动储能弹簧 11 实现储能。作为自动重合闸顺序的先决条件，操动机构在一次合闸操作后，由储能电动机自动进行再储能，或者进行手动储能。

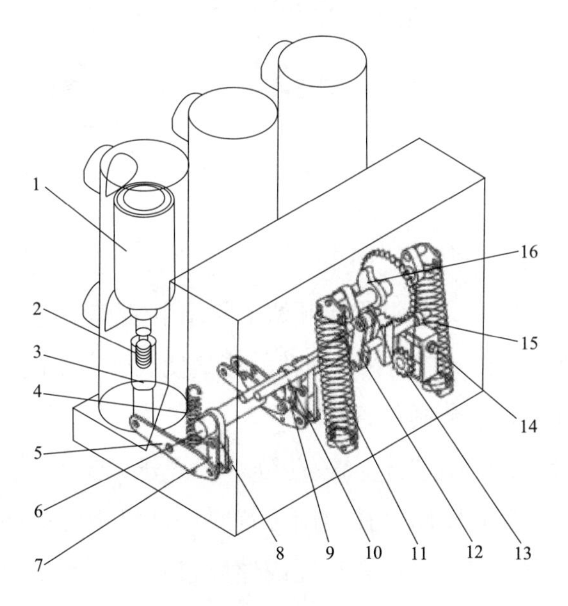

图 1-9 操动机构的基本结构示意图

1—真空灭弧室；2—触头弹簧；3—绝缘拉杆；4—分闸弹簧；5—传动拐臂；6—主轴；7—传动连板；8—主轴传动拐臂；9—合闸保持掣子；10—脱扣半轴；11—储能弹簧；12—合闸驱动连板；13—传动链轮；14—手动储能轴；15—储能保持掣子；16—凸轮

2) 合闸动作。如图 1-9、图 1-10 所示，当按下手动合闸按钮或者启动合闸线圈时，合闸过程便开始，储能保持掣子 15 和主轴 6 一起动作，主轴再通过拐臂 8 和传动连板 7 推动传动拐臂 5，并最终推动绝缘拉杆 5 和灭弧室 1 的动触头向上运动，直至静触头接触为止，同时触头弹簧 2 被压紧，以保证主触头有适当的接触压力。在合闸过程中分闸弹簧 4 同时也被拉伸储能。

图 1-10 面板卸去后的弹簧操动机构与辅助设备视图

17—控制线路板；18—辅助开关；19—分闸脱扣扣装置；
20—储能电机；21—手动储能轴；22—传动链条；23—合闸储能装置

3）分闸动作。如图 1-9、图 1-10 所示，当按下手动分闸按钮或者启动脱扣器中的任一个时，分闸过程便开始，脱扣半轴 10 转动，合闸保持掣子 9 脱扣，触头弹簧 2 和分闸弹簧 4 储存的能量使灭弧室 1 的动触头以一定速度向下分离，并运动至分闸位置。

4）自动重合闸顺序。“分—合”“分—合—分”自动重合闸顺序由继电保护系统启动和控制，断路器在合闸位置时操动机构必须处于储能后的状态，断路器合闸后由储能电机自动完成储能过程。储能过程中断路器仍可进行分闸操作，但断路器的合闸操作只能等到储能过程完成且闭锁解除后才可以被实施。

（6）合闸操作完成后，在断路器未分闸时，断路器将不能再次合闸。断路器合闸操作完成后，如合闸信号未及时去掉，断路器内部防跳控制回路，将切断合闸回路防止多次重合闸。手车断路器在未到试验位置或工作位置时，断路器不能合闸。如果选用的断路器带闭锁回路，在二次控制电路未接通情况下，闭锁电磁铁将防止手动合闸。二次回路具体分为储能回路，闭锁回路，合闸回路，分闸回路，信号回路。

任务三 开关柜“五防”要求及功能

【任务描述】

本任务主要讲解10kV开关柜的“五防”联锁功能及其实现，通过图解示意，掌握开关柜的联锁检查。

【知识要点】

为了有效防止运行中人为误操作引起的人身和重大设备事故，高压开关柜设计了“五防”功能。

一、“五防”的要求

（1）防止误分、合断路器。

（2）防止带负荷分、合隔离开关。

（3）防止带电挂接地线（或合接地刀闸）。

（4）防止带接地线（或接地闸刀）合断路器（或合隔离开关）。

（5）防止误入带电间隔。

二、开关柜的“五防”联锁功能

“五防”联锁对防止误操作，减少人为事故，提高运行可靠性起到很大的作用。“五防”功能指的是可以防止五种类型的电气误操作。这五种防误操作功能是：防止误分、误合断路器，防止带负荷拉、合隔离开关或手车触头，防止带电挂（合）接地线（接地刀闸），防止带接地线（接地刀闸）合断路器（隔离开关），防止误入带电间隔。

【技能要领】

1. 防止误分、误合断路器

（1）采用机械联锁装置，用机械零部件来传动并产生约束，可靠性最高（除非零件损坏、断裂），宜优先推荐使用。

（2）采用翻牌（插头）和机械程序销，可靠性稍逊，因为锁与钥匙之间并非绝对一一对应。

（3）采用电气联锁，可靠性又差一些，因为电磁锁和导线都有损坏的可能，而且也需电源供电（须与继保回路电源分开），但优点是可以长距离传送。

2. 防止带负荷拉、合隔离开关或手车触头

断路器处于合闸状态时，手车不能推入或拉出，只有当手车上的断路器处于分闸位置时，手车才能从试验位置移向工作位置，反之也一样。该联锁是通过联锁杆及手车底盘内部的机械装置及合、分闸机构同时实现的，断路器合闸通过联锁杆作用于断路器底盘车上的机械装置，使手车无法移动。只有当断路器分闸后，联锁才能解除，手车才能从试验位置移向工作位置或从工作位置移向试验位置。并且只有当手车完全达到试验位置或工作位置时，断路器才能合闸，如图 1-11～图 1-14 所示。

图 1-11　断路器分闸位置的进出连杆

图 1-12　底盘车进出联锁机构

图 1-13　断路器合闸位置

图 1-14　手车进出柜过程中合闸闭锁

3. 防止带电挂（合）接地线（接地刀闸）

要求：只有当断路器手车在试验位置及线路无电时，接地刀闸才能合闸。只有当接地刀闸合闸之后，柜体的后门和前下柜门才能被打开，才可挂夹临时性接地线。

（1）机械联锁：断路器底盘车在工作位置时，如果电气联锁失效或未使用，那么此时不能合上合接地刀闸。因为接地刀闸在合位时联锁挡板是探出来的，而当底盘车在工作位置时底盘车的右侧车体立面阻挡了联锁挡板的弹出，从而实现对接地刀闸的闭锁，防止带电关合接地刀闸的误操作事故，如图 1-15 所示。

（2）电气联锁。只有当接地刀闸下侧电缆不带电时，接地刀闸才能合闸，如图 1-16～图 1-18 所示。安装强制闭锁型带电指示器，接地刀闸安装闭锁电磁铁，将带电指示器的辅助触点接入接地刀闸闭锁电磁铁回路，带电指示器检测到电缆带电后闭锁接地刀闸而合闸，如图 1-19 所示。

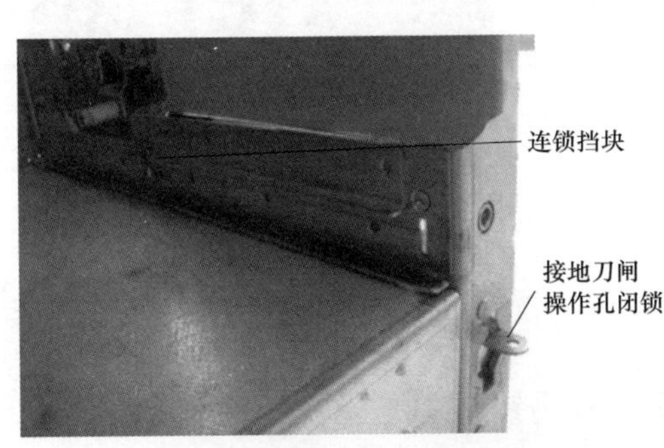

图 1-15 接地刀闸闭锁装置

图 1-16 接地刀闸电缆室门连锁

图 1-17 接地刀闸操作孔闭锁关闭位置

图 1-18 接地刀闸操作孔闭锁打开位置

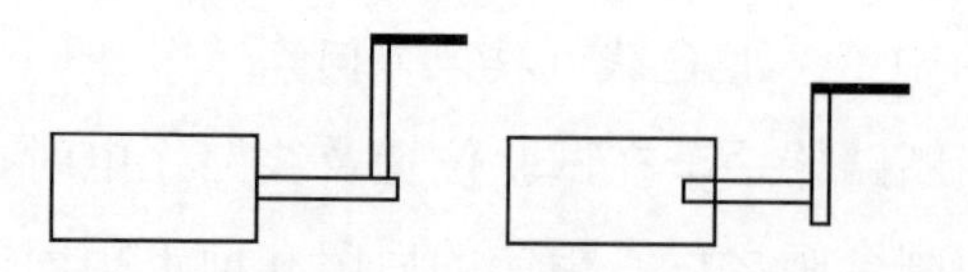

图 1-19 电磁锁实现闭锁接地刀闸压板的示意图

4. 防止带接地线（接地刀闸）合断路器（隔离开关）

（1）接地刀闸合闸后，导轨联锁的挡板伸出，当断路器手车处于试验位置时，挡板挡住手车底盘，使手车不能从试验/隔离位置移至工作位置。

（2）当接地刀闸处于分闸位置时，导轨联锁的挡板缩进，才能将断路器手车从隔离/试验位置移至工作位置，关合断路器对线路送电，如图 1-20 和图 1-21 所示。

图 1-20 导轨联锁的挡板伸出

图 1-21 导轨联锁的挡板缩进

5. 防止误入带电间隔

（1）断路器室门上的开门把手只有专用钥匙才能开启。

（2）断路器手车拉出后，手车室活门自动关上，隔离高压带电部分。

（3）活门与手车机械联锁：手车摇进时，手车驱动器压动手车左右导轨传动杆，带动活门与导轨连接杆使活门开启，同时手车左右导轨的弹簧被压缩；手车摇出时，手车左右导轨的弹簧使活门关闭，如图 1-22 所示。

（4）开关柜后封板采用内五角螺栓锁定，只能用专用工具才能开启。

（5）实现接地刀闸与电缆室门板的机械联锁。只有在接地刀闸处于合闸位置时，门板上的挂钩解锁，此时可打开电缆室门板，如图 1-23 所示。

（6）检修后电缆室门板未盖时，接地刀闸传动杆被卡住，使接地刀闸无法分闸。

图 1-22 活门与手车机械联锁

图 1-23 接地刀闸合闸后门能打开

6. 其他防误功能

手车式开关柜有防误拔开关柜二次线插头功能。

手车在试验位置时，手车上二次航空插头应能轻松插入或拔出航空插座；当手车从试验位置推进至工作位置时，手车上的“二次插联锁推板”推动联锁装置上的尼龙滚轮转动，可带动同轴的锁钩动作，二次插联锁准确动作，锁杆锁住二次航空插头，此时手车上二次航空插头无法退出航空插座，如图 1-24 所示。

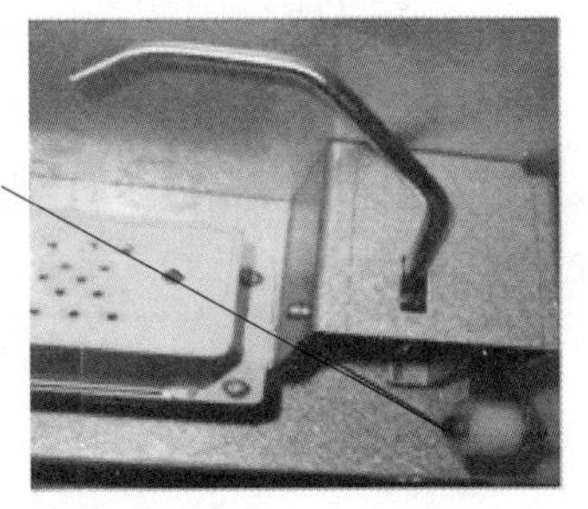

图 1-24 锁钩动作，防止拔插二次插头

此联锁的目的在于保证手车在工作位置时，二次插头不能拔出，在受到强烈震动时，二次插头也不会脱离插座，确保插头可靠动作。

【典型案例】

1. 案例描述

以现场 10kV 开关柜为例，根据开关柜的“五防”联锁功能及其实现，设计开关柜的联锁检查方案。

2. 技术方案

（1）将转运车与柜体连接，检查联锁可靠。

（2）将小车开关与柜体解锁，小车开关拉至转运车上并与转运车联锁，检查联锁可靠。

（3）将转运车与柜体解锁，推至检修位置。

（4）检查柜内一次侧活门已关闭，在一次侧带电或不能确定是否带电情况下严禁触及。

（5）检修完毕，将转运车再次与柜体连接，检查连锁可靠。

（6）将小车开关与转运车解锁，推回柜体，并与柜体连锁，检查连锁可靠。

（7）插上航空插头，合上二次电源，检查手车在试验位置。

（8）检查闭锁回路工作正常。

（9）将断路器储能、合闸。

（10）检查闭锁线圈电磁铁对合闸挡板已闭锁。

（11）检查机械合闸弯板已闭锁。

（12）检查防跳继电器工作正常。

（13）检查小车开关在合闸状态不能摇进（将操作手柄与丝杠孔解锁，往里摇动小车）。

（14）检查小车开关在分闸状态接地刀闸在合闸位置时不能摇进。

（15）分开接地刀闸，检查接地刀闸确在分位。

（16）检查接地刀闸在分闸状态下电缆室后门被闭锁不能打开。

（17）检查小车在摇进时锁板已闭锁，推进过程不允许合闸。

（18）检查小车在摇到一定位置时航空插头被闭锁，不允许拔下。

（19）检查小车开关在工作位置时接地刀闸活门被闭锁，不允许合接地刀闸。

（20）检查小车开关在工作位置合闸状态禁止摇出。

（21）断路，分闸，将小车开关摇到试验位置。

项目二

开关柜安装

【项目描述】

本项目包含开关柜现场安装部分的内容，通过开关柜的安装工艺流程、施工现场标准化作业、验收工艺规范、安全危险点分析及控制等，了解开关柜安装过程中注意事项，熟悉开关柜安装过程中的工艺要点，杜绝各类事故的发生。

任务一　开关柜安装前准备工作

【任务描述】

本任务主要讲解开关柜施工依据等内容，通过相关环节的分类介绍，掌握开关柜安装的各项前期准备工作。

【知识要点】

开关柜安装施工作业必须满足《国家电网公司输变电工程工艺标准库》的要求，贯彻精益化管理和标准化建设的要求，细化和落实到每项作业过程，规范现场作业人员的行为，确保作业安全和施工质量。密切结合各单位的工作实际，做好与现有安全、生产、技术等管理工作的有效衔接与整合，注重安全风险和工艺质量的控制，按照“精简、实用、有效”的要求进行施工，避免内容繁杂。另外，严格把控开关柜安装工作前土建基础条件，及时提出整改意见和措施。

【技能要领】

一、开关柜安装施工依据

为了保证高压开关柜安装施工作业的标准化作业，杜绝各类事故（事件）的发生，确保施工作业工艺满足《国家电网公司输变电工程工艺标准库》的要求，在安装开关柜的过程中要执行以下标准：

《国家电网公司电力安全工作规程（变电部分）》

《国家电网公司现场标准化作业指导书编制导则（试行）》国家电网生〔2004〕503号

《国家电网公司十八项电网重大反事故措施》

GB 50171—2012《电气装置安装工程盘、柜及二次回路接线施工及验收规范》

GB 50150—2006《电气装置安装工程电气设备交接试验标准》

GB 50169—2006《电气装置安装工程接地装置施工及验收规范》

GB 50147—2010《电气装置安装工程高压电器施工及验收规范》

GB 3906—2006《3.6kV～40.5kV 交流金属封闭开关设备和控制设备》

DL/T 404—2007《3.6kV～40.5kV 交流金属封闭开关设备和控制设备》

DL/T 5161.2—2002《电气装置安装工程质量检验及评定规程》

高压开关柜安装使用说明书

二、开关柜安装施工流程

开关柜安装一般由用户或专业安装单位安装施工，安装流程一般包括：施工准备、基础复核、开箱检查、开关柜就位拼装、电缆及母线制作安装、一次设备动作调整、质量评定、交接验收等步骤。具体参照图 2-1。

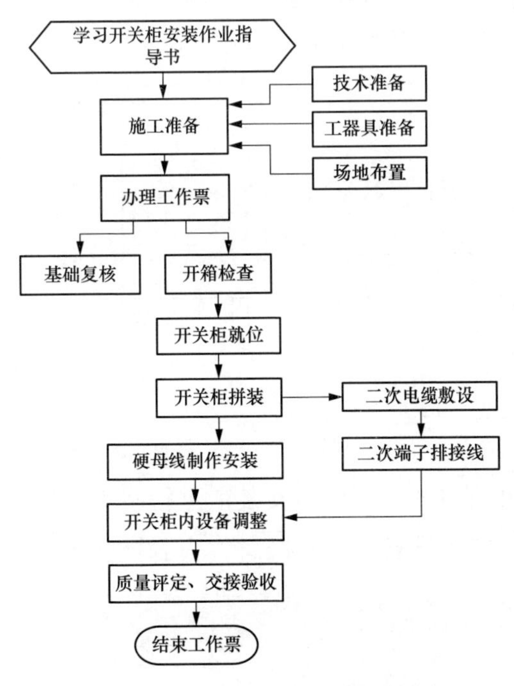

图 2-1　开关柜安装施工流程图

三、开关柜安装土建准备

开关柜安装工作前土建应具备安装条件，具体要求是：高压室门、窗、墙壁、装饰应施工完毕，地面应抹平；金属预埋件安装牢固可靠，尺寸正确验收合格；通过交接手续确认。

用经纬仪、水平仪、卷尺复测基础预埋槽钢的长度、宽度、标高及相对位置是否符合设计要求，直线度和水平度误差不得超过允许值。具体要求如下：

（1）在施工现场选合适位置将水平仪固定，并将水平仪在前后左右方向找平。

（2）复测预埋基础槽钢标高，标出其他预埋基础槽钢标高差值。

（3）基础槽钢顶面应高出最后抹平的地面。

（4）预埋金属件与主地网做可靠且明显的两点以上的接地连接。

（5）基础金属件应做防锈处理，主要技术标准见表 2-1。

表 2-1　　基础槽钢安装技术标准

项目	允许偏差	
	mm/m	mm/全长
直线度	<1	<5
水平度	<1	<5
位置误差及不平行度	<5	<5

【典型案例一】

1. 案例描述

某 110kV 变电站 10kV 开关柜安装前进行施工准备工作，接到任务后现场负责人主要从技术准备、人员准备、工器具准备和场地布置四个方面开展工作。

2. 技术方案

（1）技术准备。确定好参与施工人员，并组织学习施工图纸资料，编制和学习安装计划、作业指导书。明确安装的作业内容、进度要求、作业标准及安全注意事项。开工前10天，向有关部门上报作业计划，工作前7天提交需配合的停役申请。安装施工计划及进度示意图如表2-2所示。

表2-2　　安装施工计划及进度示意图

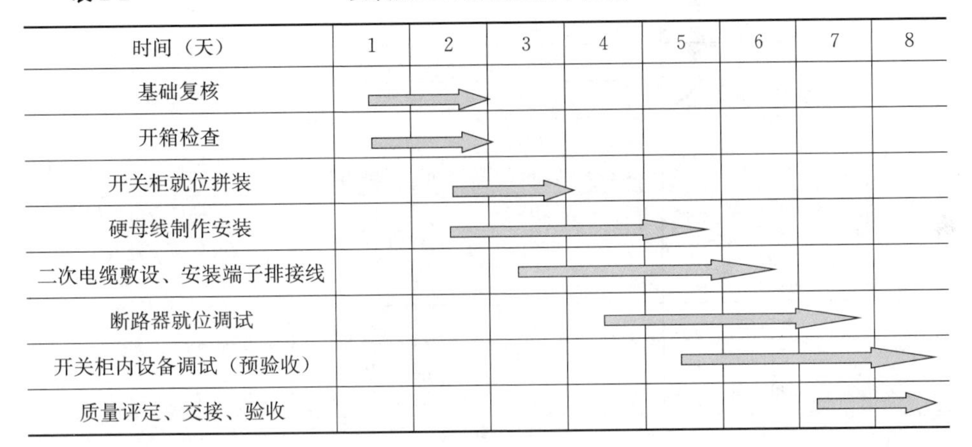

时间（天）	1	2	3	4	5	6	7	8
基础复核								
开箱检查								
开关柜就位拼装								
硬母线制作安装								
二次电缆敷设、安装端子排接线								
断路器就位调试								
开关柜内设备调试（预验收）								
质量评定、交接、验收								

1）人员准备。成立开关柜施工小组，施工人员必须持有相应工种的操作证，特殊工种应考试合格，根据工程量的大小配备足够的人员（含监理），现场有专门安全负责人。

a. 施工负责人必须是经相关部门批准的。

b. 施工人员的身体状况、精神状态良好。

c. 特殊工种（吊车司机施工辅助人员（外来）必须经负责施教的人员，对其进行安全措施、作业范围、安全注意事项等方面施教后方可参加工作、电焊工等）必须持有效证件上岗。

d. 所有作业人员必须具备必要的电气知识，基本掌握本专业作业技能及《国家电网公司电力安全工作规程（变电部分）》的相关知识，并经《国家电网公司电力安全工作规程（变电部分）》考试合格。

2）工器具准备。包括机具、工器具、材料、测试仪器等，如表2-3所示。

表 2-3 施工工器具准备

序号	名称	规格	单位	数量	备注
机　具					
1	吊机	8t	辆	1	
2	卡车	5t	辆	2	
3	纤维吊索	8m，3t	支	2	
4	纤维吊索	2m，1.5t	支	4	
5	电焊机	带焊条			
6	切割机	带切片			
7	组合弯排机	模具			
8	枕木	长型	块	4	
9	短方木	100mm×50mm×100mm	块	4	
10	电源线盘	220V	只	1	配插座及触电保安器
11	电源线盘	380V	只	1	配插座及触电保安器
12	卸夹	1.5t	只	4	
13	液压车	1.5t	辆	2	
14	千斤顶	1t	支	4	
15	水煤气管	1.5m	支	6	加工好
工 器 具					
1	撬棒	—	支	2	
2	绝缘梯	9、13、15 档	部	6	各 2 部
3	木高凳	1m	部	2	
4	安全带		支	3	
5	设备外壳接地线	$6mm^2$	圈	1	
6	管子钳	16 寸	只	1	
7	力矩扳手	0～150Nm	套	1	附套筒
8	力矩扳手	0～400Nm	套	1	
9	活动扳手		把	2	
10	呆扳手	10 件	套	1	
11	套筒扳手方芯长杆	—	支	1	自制、专用
12	套筒扳手	大号	套	1	
13	套筒扳手	28 件	套	1	
14	梅花扳手	10～32	套	2	一套 14 件
15	橡皮榔头	中档	只	1	
16	钢锯架	300mm	只	1	附锯条若干
17	铁锤	2P	只	1	
18	螺丝刀	各种规格	套	1	

续表

序号	名称	规格	单位	数量	备注
19	钢丝刷	—	把	1	
20	重锤	—	只	2	
21	水平尺	铸铁	只	1	
22	锉刀	圆、平、半圆	只	各 2	
23	万用表	—	只	1	常规型
材　　料					
1	纱手套	—	副	20	
2	白布	—	m	10	
3	无水乙醇	分析醇	瓶	3	
4	塑料尼龙薄膜	—	kg	15	
5	银砂纸	0 号	张	2	
6	铁砂纸	1 号	张	5	
7	棉纱头	—	kg	10	
8	松动剂	—	瓶	1	
9	钢锯条	SG10-69（0.8）	支	10	
10	口罩	—	只	15	
11	玻璃胶枪	—	把	1	
12	油漆刷	1.5 寸	把	4	
13	记号笔	极细	支	6	
14	防锈漆	1kg/听	kg	1	
15	黑漆	0.4kg/听	kg	0.4	
16	电力脂	—	kg	0.3	
17	相色漆	0.4kg/听	kg	1.2.	黄、绿、红，各 0.4kg
测　试　仪　器					
1	1000V、2500V 绝缘电阻表				
2	回路电阻测试仪				
3	交流高压试验变压器				
4	开关特性测试仪				

（2）场地布置。规定施工现场所需材料、工器具等的放置位置、现场围栏装设位置及新设备放置区、转运通道。

【典型案例二】

1. 案例描述

110kV 某变电站 10kV 开关柜安装前，就开关柜安装危险点分析与安全控制措施开展分析。

2. 过程分析

(1) 分析作业场地的特点，如带电、交叉作业、高空等可能给作业人员带来的危险因素；

(2) 分析工作环境的情况，如高温、高压、易燃、易爆、有害气体、缺氧等，可能给工作人员安全健康造成的危害；

(3) 分析工作中使用的机械、设备、工具等可能给工作人员带来的危害或设备异常；

(4) 分析操作程序、工艺流程颠倒，操作方法和失误等可能给工作人员带来的危害或设备异常；

(5) 分析作业人员的身体状况不适、思想波动、不安全行为、技术水平能力不足等可能带来的危害或设备异常；

(6) 分析其他可能给作业人员带来危害或造成设备异常的不安全因素。

3. 结论建议

针对上述分析，提出以下 7 点着重进行安全措施控制：

(1) 各类工器具的使用措施，如梯子、吊车、电动工具等。

(2) 特殊工作措施，如高空作业、电气焊、油气处理、汽油的使用管理等。

(3) 专业交叉作业措施，如高压试验、保护传动等。

(4) 储压、旋转元件检修措施，如储压器、储能电机等。

(5) 对危险点、相临带电部位所采取的措施。

(6) 工作票（施工作业票）中所规定的安全措施。

(7) 按规定着装。

任务二 开关柜现场施工

【任务描述】

本任务主要讲解开关柜现场施工中各环节相关注意点等内容，通过相关环节的分类介绍，掌握开关柜现场施工的各项工作。

【知识要点】

开关柜运达现场后的施工包括开箱检查（清点），开关柜就位、找正，母线安装、设备调整等内容。要求掌握步骤、流程及其他注意事项，涉及协同监理、甲方及设备生产厂家的要按照项目做好衔接。对于开关柜内的断路器调整，保护调试，投产交接试验的内容要严格按照标准执行，过程记录要登记并妥善保管。

【技能要领】

一、开箱检查

开关柜运达现场后，摆放位置不得妨碍交通和其他专业施工。摆放的场地应平整，四周应留有足够的空间以方便开箱。开箱时其工具的用力要适度，防止损坏设备。拆开包装箱后，设备顶部不得站人，并应有防止设备倾翻的措施。

开关柜安装前应协同监理、甲方及设备生产厂家对开关柜进行开箱检查，检查其型号规格及屏面布置是否符合设计，有无损坏或脱漆，元件是否完好无损。根据装箱单核对零件、备件、专用工具及技术文件是否齐全完好，登记并妥善保管。真空断路器的灭弧室、瓷套与铁件应无裂纹、破损、异常。高压开关柜采用人工搬运的，应根据安装图的顺序就位。

二、开关柜就位、找正

开关柜设备运输到现场后，应使用特定的运输工具如吊车或叉车，小心操作。建议手车不要推入柜体搬运，各类手车在柜体安装好以后再推入柜体中。现场使用吊车将开关柜按先内后外的顺序吊至开关室内，然后用液压小车和钢管作为滚筒，人工就位，各柜留有一定间隙，以便于拼装。

(1) 开关柜吊装。

开关柜吊装作业必须在起重专业的指挥下进行，参加起重的工作人员应熟悉各种类型的起重设备的性能。起重时必须统一指挥，信号清楚，正确及时，操作人员按信号进行工作，不论何人发紧急停车信号都应立即执行，除操作人员外，其他无关人员不得进入操作驾驶室，以免影响操作或误操作。吊装时无关人员不准停留，吊车下面禁止行人或工作，必须在下面进行的工作应采取可靠安全措施，将吊物垫平放稳后才能工作。汽车起重机必须在水平位置上工作，允许倾斜度不得大于3°。必须查清工作范围、行走道路、地下设施和土质耐压情况，凡属于无加固保护的直埋电缆和管道，以及泥土松软地方，禁止起重机通过和进入工作，必要时应采取加固措施。起重机在坑边工作时，应与坑沟保持必要的安全距离，一般为坑沟深度的1.1～1.2倍，以防塌方造成起重机倾倒。严禁斜吊，以防止钢丝绳卷出滑轮槽外而发生事故。起吊重物时，一定要进行试吊，试吊高度小于0.5m。试吊无危险时，方可进行起吊。起吊开关柜不准长期停放在空中，如悬在空中，严禁驾驶人员离开，而做其他工作。应在构件上系以牢固的拉绳，使其不摇摆、不旋转。

司索开关柜前，应根据物体或设备的形状及其重心的位置确定适当的落索点。一般情况下，开关柜设备都设有专供起吊的吊环。未开箱的货件常标明吊点位置，搬运时，应该利用吊环和按照指定吊点起吊。起吊前应先试吊，如发现倾斜，应立即将物件落下，重新捆绑后再起吊。还必须考虑起吊时吊索与开关柜水平面要有一定的角度，一般以60°为宜。角度过小，吊索所受的力过大；角度过大，则需很长的吊索，使用也不方便；同时，还要考虑吊索拆除是否方便，重物就位后，会不会把吊索压住或压坏。捆绑有棱角的物体时，应垫木板、旧轮胎、麻袋等物，以免使物体棱角和钢丝绳受到损伤。

（2）开关柜搬运、平移。

开关柜在开关室内采用液压小车和滚杆法平移就位。开关柜搬运时应小心，已防损坏柜面上的电器元件和油漆层，精密元件应单独运输。根据安装位置将其逐一移至基础预埋件上。精确调整第一个柜，再以第一个柜为标准逐个调整其他柜，也可以调好中间的一个柜，然后左右分开依次调整。调整时应注意：一定要仔细核对施工图纸，确定每两个柜安装的位置间隔，以免因弄错而返工。

（3）开关柜就位、拼装。

开关柜就位后，为安装拼柜方便，要卸去开关柜吊装板及开关柜后封板，松开母线隔室顶盖板（泄压盖板）固定螺栓卸下母线隔室顶盖板（防爆螺丝要专门保管、以防失落），松开母线隔室后封板固定螺栓卸下母线隔室后封板，松开断路器隔室下面的可抽出式水平隔板的固定螺栓并将水平隔板卸下。开关柜现场安装过程中，严禁攀踩开关柜，以防柜体变形。

（4）开关柜找平、找正。

开关柜找平、找正。为了保证施工质量，第一个柜要精准安装，一般用增减柜底四角垫铁厚度的方法进行调整，相邻两屏用螺栓连接，使柜成为一体，做到横平竖直、屏面整齐，还应注意两列相对排列的屏的位置对应。开关柜找平、找正的方法采用垂线找正法，同时配合水平尺找正法。垂线找正法是用磁力线坠吸附在开关柜四面顶部，通过调整开关柜底角垫铁厚度，检测设备垂直度找平、找正柜体。注意，每处垫铁不能多于3块，否则应用相当厚度的单块垫铁取代。

开关柜的垂直度、水平度、屏面不平整度及屏间接缝的允许偏差如下：

1）调整柜体的垂直度，用铅垂检查时，垂直度要控制在柜体总高度的1.5/1000H（H为柜高）以内。

2）相邻柜的顶部水平误差要不大于2mm，成列柜顶部最大水平误差不大于5mm，相邻两柜面的不平度不大于1mm，整列柜的各柜面不平整度不大于5mm。水平度和垂直度都可用薄铁皮垫入盘底和基础预埋件之间加以调整。

3）柜体间的间隙小于 1.5mm，柜与柜之间应用配套拼柜螺栓加以拉紧。

（5）开关柜拼装。开关柜拼装可以从一侧向另一侧拼装，也可以从中间向两边展开，在开关柜四角加垫垫片来找正找平，然后将柜体与基础预埋件焊牢。开关柜拼装质量标准如下：

1）垂直度：1.5mm/m。

2）水平度：成列柜顶部 5mm。

3）柜间接缝：小于 2mm。

三、开关柜母线安装

开关柜母线安装包括主母线、屏顶小母线。安装时，母线先用白布、酒精清洗干净。所有搭接面再次用白布、酒精清洗均匀抹上电力复合脂（也有厂家要求使用凡士林）。根据母线编号、型号依次穿入母线室，对应其位置紧固母线夹，所有搭接面装上紧固镀锌 8.8 级螺栓后，再用力矩扳手紧固至规定力矩值即可。安装时应注意：

（1）母线表面应当光滑、平整，无变形、扭曲现象，搭接面模压处理。

（2）母线平放时，贯穿螺栓应由下往上穿，其余情况下螺母应在维护侧，螺栓露扣 2～3 扣，紧固件齐全，相邻螺栓间应有 3mm 以上的净距。

（3）母线在支持绝缘子上固定时，固定应平整牢固，绝缘子不受母线的额外应力。

（4）母线搭接面螺栓紧固，连接螺栓应使用力矩扳手紧固，其紧固值应符合表 2-4 的要求。

表 2-4 母线连接螺栓力矩紧固值

螺母规格	力矩值（Nm）	螺母规格	力矩值（Nm）
M8	8.8～10.8	M14	51.0～60.8
M10	17.7～22.6	M16	78.5～98.1
M12	31.4～39.2	M18	98.0～127.4

四、设备动作调整

（1）断路器调整。主要包括：

1）检查手车与转运小车对应配套，转运小车地面高低合适，便于手车顺利地由地面过渡到柜体。

2）每个手车的动触头应调整一致，动、静触头应在同一中心线上，触头插入后接触紧密，插入深度符合要求。触头清洁光滑，镀银层完好，静触头弹簧压力一致。

3）二次线连接正确可靠，接触良好。插头与插座结合应紧密，无断线与短接现象。柜内的控制电缆应固定牢固，并不妨碍手车的进出。

4）电气或机械闭锁装置应调整到正确可靠的位置，相对应的辅助开关、微动开关动作正确可靠。

5）门上的继电器应有防振圈。

6）手车接地触头应接触良好，电压互感器、手车底部接地点必须接地可靠。工作接地与保护接地的接地点应分开。

（2）开关柜保护调试。主要包括：

1）检查两套保护重合闸相互配合的正确性。

2）开关信号传动试验应符合要求。

3）开关防跳功能应检查正常。

4）开关分、合闸闭锁试验正常。

5）不对应启动重合闸功能动作正常。

6）其他保护联跳开关回路应动作正常。

（3）投产交接试验。主要包括：

1）主回路的工频耐压试验参照相关标准执行。

2）辅助回路和控制回路的工频耐压试验参照相关标准执行。

3）主回路直流电阻的试验按照厂家提供的出厂标准执行。

4）开关柜内电流互感器、电压互感器、站用变压器、避雷器等元件的试验参照相关标准执行。

5）带电显示器结合耐压试验，交流升至15000V时，带电显示器显示正常，防误连锁功能正常。

6）二次回路绝缘电阻。包括二次回路每一支路和断路器、隔离开关的操动机构的电源回路等，绝缘电阻均不小于1MΩ。

7）二次回路交流耐压试验。试验电压为1000V，当回路绝缘电阻值在10MΩ以上时，可采用2500V绝缘电阻表代替，持续时间为1min。

任务三　开关柜安装质量验收

【任务描述】

本任务主要讲解施工现场开关柜验收五个关键环节的相关内容，通过相关环节的分类介绍，掌握开关柜现场施工验收管理“安全第一，精益管理，标准作业，零缺投运”的原则。

【知识要点】

开关柜验收管理坚持“安全第一，精益管理，标准作业，零缺投运”的原则。

安全第一是指变电验收工作应始终把安全放在首位，严格遵守国家及公司各项安全法律和规定，严格执行《国家电网公司电力安全工作规程》，认真开展危险点分析和预控，严防电网、人身和设备事故。

精益管理是指变电验收工作坚持精益求精的态度，以精益化评价为抓手，深入工作现场、深入设备内部、深入管理细节，不断发现问题，不断改进，不断提升，争创世界一流管理水平。

标准作业是指变电验收工作应严格执行现场验收标准化作业，细化工作步骤，量化关键工艺，工作前严格审核，工作中逐项执行，工作后责任追溯，确保作业质量。

零缺投运是指各级变电运检人员应把零缺投运作为验收阶段工作目标，坚持原则、严谨细致，严把可研初设审查、厂内验收、到货验收、隐蔽工程验收、中间验收、竣工（预）验收、启动验收各道关口，保障设备投运后长期安全稳定运行。

施工现场开关柜验收包括到货验收、隐蔽工程验收、中间验收、竣工（预）验收、启动验收五个关键环节。

【技能要领】

一、到货验收

（1）高压开关柜到货后，项目管理部门应组织制造厂、运输部门、施工单位、运维检修人员共同进行到货验收。

（2）到货验收应进行货物清点、运输情况检查、包装及外观检查。

（3）到货验收工作按到货验收标准要求执行。

验收发现质量问题时，验收人员应及时告知物资部门、生产厂家，提出整改意见，填写记录，报送管理部门。

二、隐蔽工程验收

（1）项目管理单位应在高压开关柜到货前将安装方案、工作计划提交管理单位，组织审核，并安排相关专业人员进行阶段性验收。

（2）高压开关柜安装方案由相关多部门进行审查。

（3）高压开关柜安装应具备安装使用说明书、出厂试验报告及合格证件等资料，并制定施工安全技术措施。

（4）高压开关柜隐蔽工程验收包括开关柜绝缘件安装、并柜、开关柜主母线连接等验收项目。

（5）高压开关柜主母线连接验收工作按隐蔽工程验收标准要求执行。

验收发现质量问题时，验收人员应及时告知项目管理部门、施工单位，提出整改意见，填写记录，报送管理部门。

三、中间验收

（1）开关柜中间验收项目包括高压开关柜外观、动作、信号进行检查核对。

（2）中间验收工作按开关柜中间收标准要求执行。

验收发现质量问题时，验收人员应以反馈单的形式及时告知建设管理单位、施工单位，提出整改意见，并填写记录，报送管理部门。

四、竣工（预）验收

（1）竣工（预）验收应核查高压开关柜交接试验报告，对交流耐压试验等进行现场见证。

（2）竣工（预）验收应检查、核对高压开关柜相关的文件资料是否齐全，是否符合验收规范、技术合同等要求。

（3）交接试验验收要保证所有试验项目齐全、合格，并与出厂试验数值无明显差异。

（4）针对不同电压等级的高压开关柜，应按照不同的交接试验项目、标准检查安装记录、试验报告。

（5）电压等级不同的高压开关柜，根据不同的结构执行选用相应的验收标准。

（6）竣工（预）验收工作按开关柜交接试验验收标准、资料及文件验收标准执行。

验收发现质量问题时，验收人员应以记录单的形式及时告知项目管理部门、施工单位，提出整改意见。并填写记录，报送管理部门。

五、启动验收

（1）竣工（预）验收组在高压开关柜启动投运验收前应提交竣工（预）验收报告。

（2）高压开关柜启动投运验收内容包括投运后高压开关柜外观检查、仪器仪表指示、有无异常响动等。

（3）启动投运验收时应按照启动（竣工）验收标准要求执行。

验收发现质量问题时，验收人员应及时通知项目管理部门、施工单位，提出整改意见，报告管理部门。

【典型案例】

1. 案例描述

以某变电站 10kV 开关柜现场安装为例，结合工艺标准，编制验收执行卡。

2. 技术方案

（1）开关柜到货验收标准卡，如表 2-5 所示。

表 2-5 开关柜到货验收标准卡

<table>
<tr><td colspan="2" rowspan="3">开关柜
基础信息</td><td>工程名称</td><td></td><td>生产厂家</td><td colspan="2"></td></tr>
<tr><td>设备型号</td><td></td><td>出厂编号</td><td colspan="2"></td></tr>
<tr><td>验收单位</td><td></td><td>验收日期</td><td colspan="2"></td></tr>
<tr><td>序号</td><td>验收项目</td><td colspan="2">验收标准</td><td>检查方式</td><td>验收结论（是否合格）</td><td>验收问题说明</td></tr>
<tr><td colspan="4">一、到货验收</td><td colspan="3">验收人签字：</td></tr>
<tr><td>1</td><td>开关柜柜体</td><td colspan="2">（1）开关柜柜体包装完好，拆包装检查面板螺栓紧固、齐全，表面无锈蚀及机械损伤，密封应良好；
（2）SF_6 充气柜预充压力符合要求</td><td>现场检查</td><td>□是□否</td><td></td></tr>
<tr><td>2</td><td>绝缘件</td><td colspan="2">绝缘件包裹完好，拆包装检查无受潮，外表面无损伤、裂痕</td><td>现场检查</td><td>□是□否</td><td></td></tr>
<tr><td>3</td><td>接地手车</td><td colspan="2">接地手车包装完好，拆包装检查接地手车外观完整</td><td>现场检查</td><td>□是□否</td><td></td></tr>
<tr><td>4</td><td>母线</td><td colspan="2">检查母线包装箱完好，拆箱核对母线数量与装箱单数量一致</td><td>现场检查</td><td>□是□否</td><td></td></tr>
<tr><td>5</td><td>充气柜 SF_6 气体</td><td colspan="2">必须具有 SF_6 检测报告、合格证</td><td>查阅报告</td><td>□是□否</td><td></td></tr>
<tr><td>6</td><td>其他零部件</td><td colspan="2">（1）组部件、备件应齐全，规格应符合设计要求，包装及密封应良好；
（2）备品备件、专用工具同时装运，但必须单独包装，并明显标记，以便与提供的其他设备区别；
（3）开关柜在现场组装安装需用的螺栓和销钉等，应多装运 10%</td><td>现场检查</td><td>□是□否</td><td></td></tr>
</table>

续表

序号	验收项目	验收标准	检查方式	验收结论（是否合格）	验收问题说明
二、技术资料到货验收			验收人签字：		
7	图纸	（1）外形尺寸图； （2）附件外形尺寸图； （3）开关柜排列安装图； （4）母线安装图； （5）二次回路接线图； （6）断路器二次回路原理图	资料检查	□是□否	
8	技术资料	制造厂应免费随设备提供给买方下述资料： （1）开关柜出厂试验报告； （2）开关柜型式试验和特殊试验报告（含内部燃弧试验报告）； （3）断路器出厂试验及型式试验报告； （4）电流互感器、电压互感器出厂试验报告； （5）避雷器出厂试验报告； （6）接地刀闸出厂试验报告； （7）三工位刀闸出厂试验报告； （8）主要材料检验报告：绝缘件检验报告，导体镀银层试验报告，绝缘纸板等的检验报告； （9）断路器安装使用说明书	资料检查	□是□否	对电容器开关的老炼试验报告

（2）开关柜隐蔽工程验收标准卡如表 2-6 所示。

表 2-6　开关柜隐蔽工程验收标准卡

开关柜基础信息	工程名称		生产厂家	
	设备型号		出厂编号	
	验收单位		验收日期	

序号	验收项目	验收标准	检查方式	验收结论（是否合格）	验收问题说明
主母线连接验收			验收人签字：		
1	开关柜母线室检查	（1）检查开关柜母线室内有无异物； （2）清理开关柜内灰尘，保证母线室清洁	现场检查	□是□否	
2	主母线外观检查	（1）检查主母线绝缘热缩套无划伤、脱落，相位标识清晰，发现异常应采取更换绝缘热缩套处理； （2）检查主母线导电连接面表面光滑、无划伤、镀层完好； （3）检查主母线端部经过倒角处理； （4）用百洁布清理打磨导电接触面	现场检查	□是□否	

续表

序号	验收项目	验收标准	检查方式	验收结论（是否合格）	验收问题说明
3	主母线穿柜敷设	（1）沿开关柜一侧横穿开关柜进行母线敷设； （2）敷设作业过程作业人员应配合有序，防止碰伤主母线绝缘热缩套/柜间穿柜套管	现场检查	□是□否	
4	穿柜套管等电位线连接	（1）检查等电位连线长度适中，接线端子与引线压接牢固； （2）等电位连线与穿柜套管连接牢固可靠，等电位连线与主母线连接牢固可靠，防止产生悬浮放电	现场检查	□是□否	
5	主母线与开关柜分支电气连接	（1）百洁布清理打磨接触面； （2）导体接触面表面涂抹导电脂； （3）选用厂家指定螺栓固定连接面，螺栓应采用弹簧垫与平垫配合使用	现场检查	□是□否	
6	主母线间电气连接	（1）百洁布清理打磨接触面； （2）导体接触面表面涂抹导电脂； （3）选用厂家指定螺栓固定连接面，螺栓应采用弹簧垫与平垫配合使用	现场检查	真空度:Pa □是□否	
7	主母线固定	（1）检查支撑绝缘子外观完好，支架应采用热镀锌工艺； （2）绝缘子经试验合格； （3）测量主母线室内导体对地、相间绝缘距离； （4）固定主母线并对螺栓紧固处理	现场检查	□是□否	
8	主母线及分支母线电气连接紧固	（1）选用适当力矩扳手对电气连接螺栓紧固处理，力矩要求满足厂家技术标准； （2）紧固完毕后对已紧固接触面标记避免遗漏	现场检查	□是□否	
9	开关柜母线室绝缘化	（1）检查绝缘热缩盒外观完好； （2）对已紧固完成并标记的接触面包封处理并包扎紧密	现场检查	□是□否	

（3）开关柜中间验收标准卡如表 2-7 所示。

表 2-7　　开关柜中间验收标准卡

开关柜基础信息	变电站名称		设备名称编号	
	生产厂家		出厂编号	
	验收单位		验收日期	

序号	验收项目	验收标准	检查方式	验收结论（是否合格）	验收问题说明
一、开关柜验收			验收人签字：		
1	开关柜各部面板	（1）柜体平整，表面干净无脱漆锈蚀，并作防锈处理； （2）柜体柜门密封良好，接地可靠，观察窗完好，标识正确、完整； （3）电气指示灯颜色符合设计要求，亮度满足要求； （4）设备出厂铭牌齐全、参数正确； （5）开关柜泄压通道尼龙螺栓齐全，开启打开方向朝向无人经过区； （6）在开关柜的配电室内应配置通风、空调等除湿防潮设备和温湿度计，防止凝露导致绝缘事故； （7）SF_6 充气柜压力释放装置开启打开方向朝向无人经过区； （8）SF_6 充气柜密度继电器压力产品技术条件要求，温度补偿小螺栓是否在打开状态	现场检查	□是□否	
2	开关柜本体	（1）开关柜垂直偏差：＜1.5mm/m； （2）开关柜水平偏差：相邻柜顶＜2mm，成列柜顶＜5mm； （3）开关柜面偏差：相邻柜边＜1mm，成列柜面＜5mm，开关柜柜间接缝＜2mm； （4）采用截面积不小于 240mm^2 铜排可靠接地； （5）开关柜等电位地线连接牢固； （6）检查穿柜套管外观完好； （7）穿柜套管固定牢固，紧固力矩符合厂家技术标准要求； （8）穿柜套管内等电位线完好、固定牢固； （9）检查穿柜套管表面光滑，端部尖角经过倒角处理	现场检查	□是□否	
3	仪器仪表室	（1）二次接线准确、绑扎牢固、连接可靠、标识清晰、绝缘合格，备用线芯采用绝缘包扎； （2）驱潮、加热装置安装完好，工作正常； （3）柜内照明良好； （4）端子排无异物接线正确布局美观，无异物附着，端子排及接线标识清晰； （5）检查空气开关位置正确，接线美观，标识正确清晰	现场检查	□是□否	

续表

序号	验收项目	验收标准	检查方式	验收结论(是否合格)	验收问题说明
4	断路器室	(1)触头、触指无损伤颜色正常，配合良好，表面均匀涂抹薄层凡士林，行程（辅助）开关到位良好； (2)断路器手车工作位置插入深度符合要求，手车开关静触头逐个检查，确保连接紧固并留有复检标记； (3)柜上观察窗完好，能看到开关机械指示位置； (4)活门开启关闭顺畅、无卡涩； (5)断路器外观完好、无灰尘； (6)仓室内无异物、无灰尘，导轨平整、光滑； (7)驱潮、加热装置安装完好，工作正常	现场检查	□是□否	
5	电缆室	(1)导体对地及相间距离满足开关柜绝缘净距离要求； (2)相色标记明显清晰，不易脱落； (3)电缆引出孔洞封堵良好，堵料应与基础粘接牢固，不得有塌陷，鼓包，龟裂； (4)柜内照明应良好、齐全； (5)驱潮、加热装置安装完好，工作正常； (6)电缆接头处应有分相色可拆卸热缩盒； (7)电缆接头必须是双螺栓，电缆须可靠固定，金属护层必须可靠接地； (8)电流互感器铭牌使用金属激光刻字，标示清晰，接线螺栓必须紧固，外绝缘良好，二次接线良好无开路； (9)仓室内绝缘化完整、可靠； (10)一次电力电缆接线端子对底板的高度必须保证电缆安装后伞裙不被接地部分短接，其中，10kV电缆接线端子对底板高度大于760mm，35kV电缆接线端子对底板高度大于800mm	现场检查	□是□否	
6	母线室	(1)母线室内无异物、无灰尘； (2)母线室内绝缘化完整，无外露导体； (3)导体对地及相间绝缘距离要求空气绝缘净距要求	现场检查	□是□否	
7	电流互感器	(1)检查电流互感器外观完好，试验合格； (2)电流互感器安装固定牢固可靠，接地牢靠； (3)电流互感器一次接线端子清理、打磨，涂抹导电脂并与柜内引线连接牢固；			

续表

序号	验收项目	验收标准	检查方式	验收结论（是否合格）	验收问题说明
7	电流互感器	（4）电流互感器安装完毕后测量导体与柜体、相间绝缘距离满足要求； （5）电流互感器二次接线正确，螺栓紧固可靠； （6）相色标记明显清晰，不得脱落； （7）柜内照明应良好、齐全； （8）加热器安装位置合理，加热功能正常； （9）电流互感器铭牌使用金属激光刻字，标示清晰，接线螺栓必须紧固，外绝缘良好，二次接线良好无开路； （10）二次线束绑扎牢固； （11）仓室内绝缘化完整、可靠	现场检查	□是□否	
8	电压互感器	（1）相间距离满足绝缘距离要求； （2）相色标记明显清晰，不得脱落； （3）柜内照明应良好、齐全； （4）加热器安装位置合理，加热功能正常； （5）电压互感器铭牌使用金属激光刻字，标示清晰，接线螺栓必须紧固，外绝缘良好，二次接线良好无短路； （6）电压互感器消谐装置外观完好、接线正确	现场检查	□是□否	
9	避雷器	（1）无变形、避雷器爬裙完好无损、清洁，放电计数器校验正确，无进水受潮现象； （2）相间距符合安全要求； （3）计数器处于同一位置，便于巡视检查	现场检查	□是□否	
10	操作	（1）刀闸分合顺畅无卡涩，接地良好，二次位置切换正常； （2）手车开关，摇进摇出顺畅到位，无卡涩，二次切换位置正常； （3）断路器远方、就地分合闸正常，无异响，机构储能正常，紧急分闸功能正常； （4）TV一次熔断器便于拆卸更换，熔断器应良好； （5）二次插头接触可靠，闭锁把手能可靠保证插头接触不松动； （6）开关柜接地手车摇进摇出顺畅到位，无卡涩，二次切换位置正常； （7）SF_6 充气柜三工位刀闸传动正常、无异响，刀闸位置与开关柜面板指示对应	现场检查	□是□否	

续表

序号	验收项目	验收标准	检查方式	验收结论（是否合格）	验收问题说明
11	闭锁逻辑	（1）手车开关在“工作”位置，接地刀闸电气及机械闭锁可靠，不能合闸。 （2）开关在合位，手车有可靠电气及机械闭锁，不能摇进或者摇出。 （3）接地刀闸在合位，手车电气及机械闭锁可靠，不能摇进。 （4）带电显示器指示有电时/模拟带电时，接地刀闸闭锁不能合闸、后柜门不能开。 （5）主变压器进线柜/母联隔离柜的手车在试验位置时，主变压器进线柜或者母联开关柜的手车有机械连锁，不能摇进工作位置。 （6）主变压器进线柜/母联开关在合位时，主变压器进线柜/母联手车柜的手车有电气闭锁，不能摇出到试验位置；主变压器进线柜/母联开关在合位时，主变压器进线柜/母联开关柜的手车有电气闭锁，不能摇出到试验位置。 （7）SF_6 充气柜内逻辑闭锁检查符合产品设计及技术要求	现场检查	□是□否	
12	隔室密封检查	（1）各隔室应相对密封独立； （2）检查手车室机构活门开启、关闭正常，活动灵活	现场检查	□是□否	
13	绝缘护套	（1）使用绝缘护套加强绝缘，必须保证密封良好； （2）母线及引线热缩护套颜色应与相序标识一致	现场检查	□是□否	
14	均压环	穿柜套管、穿柜 TA、触头盒、传感器绝缘子等部件的等电位连线（均压坏）应与母线及部件内壁可靠固定	现场检查	□是□否	
15	绝缘隔板	柜内绝缘隔板应采用一次浇注成型产品，且耐压和局部放电试验合格，带电体与绝缘板之间的最小空气间隙应满足下述要求： （1）对 10kV 设备不应小于 30mm； （2）对 35kV 设备不应小于 60mm	现场检查	□是□否	
16	套管	检查主进穿墙套管周围密封良好无缝隙，防止进雨受潮	现场检查	□是□否	
二、其他验收			验收人签字：		
17	备品备件移交清单	通过备品备件移交清单检查备品备件数量、质量良好	现场检查	□是□否	
18	专用工器具清单	通过专用工器具清单检查专用工器具数量，质量良好	现场检查	□是□否	

（4）开关柜交接试验验收标准卡如表 2-8 所示。

表 2-8　　开关柜交接试验验收标准卡

开关柜基础信息	变电站名称		设备名称编号	
	生产厂家		出厂编号	
	验收单位		验收日期	

序号	验收项目	验收标准	检查方式	验收结论（是否合格）	验收问题说明
一、断路器试验验收			验收人签字：		
1	绝缘电阻试验	绝缘电阻数值应满足产品技术条件规定	旁站见证/资料检查	绝缘电阻：MΩ □是□否	
2	直流电阻试验	采用电流不小于 100A 的直流压降法，测量值不大于厂家规定值，并与出厂值进行对比，不得超过 120%出厂值	旁站见证/资料检查	直流电阻：μΩ □是□否	
3	交流耐压试验	应在断路器合闸及分闸状态下进行交流耐压试验，试验中不应发生贯穿性放电	旁站见证/资料检查	整体耐压：kV 断口耐压：kV □是□否	
4	机械特性试验	（1）测量断路器主触头的分、合闸时间，测量分、合闸的同期性，实测数值应符合产品技术条件的规定； （2）12kV 真空断路器合闸弹跳时间小于 2ms； （3）40.5kV 真空断路器合闸弹跳时间小于 3ms； （4）在机械特性试验中同步记录触头行程曲线，并确保在规定的范围内	旁站见证/资料检查	合闸时间：ms 分闸时间：ms 弹跳值： 反弹值： □是□否	
5	分、合闸线圈及合闸接触器线圈的绝缘电阻和直流电阻	（1）绝缘电阻值不应小于 10MΩ； （2）直流电阻值与产品出厂试验值相比应无明显差别	旁站见证/资料检查	绝缘电阻：MΩ 直流电阻：μΩ □是□否	
6	低电压动作试验	（1）合闸操作：直流（85%～110%）U_n 范围内时，操动机构应可靠动作； （2）分闸操作：直流/交流的分闸电磁铁，在其线圈端钮处测得的电压大于额定值的 65%时，应可靠地分闸；当此电压小于额定值的 30%时，不应分闸	旁站见证/资料检查	□是□否	
二、电压互感器试验验收			验收人签字：		
7	绕组绝缘电阻试验	测量一次绕组对二次绕组及外壳、各二次绕组间及其对外壳的绝缘电阻，绝缘电阻不宜低于 1000MΩ	旁站见证/资料检查	绝缘电阻：MΩ □是□否	

续表

序号	验收项目	验收标准	检查方式	验收结论（是否合格）	验收问题说明
8	局部放电试验	（1）局部放电测量应逐台进行； （2）测量电压以及允许放电量水平满足产品技术条件规定	旁站见证/资料检查	施加电压：kV 视在放电量：pC □是□否	
9	交流耐压试验	（1）试验电压应为出厂试验电压的80%； （2）二次绕组之间及其对外壳的耐压试验电压标准应为2kV	旁站见证/资料检查	施加电压：kV 持续时间：s □是□否	
10	空载电流试验	（1）对于额定电压测量点（100%），励磁电流不宜大于其出厂试验报告和型式试验报告的测量值的30%； （2）对于额定电压测量点（100%），同批次、同型号、同规格电压互感器此点的励磁电流不宜相差30%	旁站见证/资料检查	电压：kV 电流：A □是□否	
11	绕组直流电阻试验	（1）一次绕组直流电阻测量值，与换算到同一温度下的出厂值比较，相差不宜大于10%； （2）二次绕组直流电阻测量值，与换算到同一温度下的出厂值比较，相差不宜大于15%	旁站见证/资料检查	直流电阻：Ω □是□否	
12	励磁特性试验	在$1.9U_m/\sqrt{3}$电压下铁芯磁通不饱和	查阅报告	□是□否	
13	接线组别、变比与极性试验	接线组别、变比和极性与铭牌一致	旁站见证/资料检查	□是□否	
三、电流互感器试验验收			验收人签字：		
14	绕组绝缘电阻试验	测量一次绕组对二次绕组及外壳、各二次绕组间及其对外壳的绝缘电阻，绝缘电阻不宜低于1000MΩ	旁站见证/资料检查	绝缘电阻：MΩ □是□否	
15	局部放电试验	（1）局部放电测量应逐台进行； （2）测量电压以及允许放电量水平满足产品技术条件规定	旁站见证/资料检查	施加电压：kV 视在放电量：pC □是□否	
16	交流耐压试验	（1）应按出厂试验电压的80%进行； （2）二次绕组之间及其对外壳的耐压试验电压标准应为2kV	旁站见证/资料检查	施加电压：kV 持续时间：s □是□否	
17	励磁特性试验	（1）当继电保护对电流互感器的励磁特性有要求时，应进行励磁特性曲线试验； （2）测量结果应与出厂试验值比较应无明显差别	旁站见证/资料检查	电压：kV 电流：A □是□否	

续表

序号	验收项目	验收标准	检查方式	验收结论（是否合格）	验收问题说明
18	接线组别、变比与极性试验	接线组别、变比和极性与铭牌一致	旁站见证/资料检查	□是□否	
19	绕组直流电阻测量	同型号、同规格、同批次电流互感器一、二次绕组的直流电阻和平均值的差异不宜大于10%	现场见证	□是□否	
四、金属氧化物避雷器试验验收			验收人签字：		
20	本体及底座绝缘电阻试验	（1）35kV及以下电压等级，用2500V绝缘电阻表，绝缘电阻不小于1000MΩ； （2）基座绝缘电阻不低于5MΩ	旁站见证/资料检查	绝缘电阻：MΩ □是□否	
21	直流参考电压和0.75倍直流参考电压下的泄漏电流	（1）直流参考电压实测值与制造厂出厂测试值比较，变化不大于±5%（注意值）； （2）0.75倍直流参考电压下的泄漏电流不大于50μA/符合产品技术条件的规定	旁站见证/资料检查	电压：kV 泄漏电流：μA □是□否	
22	工频参考电压和持续电流	应符合产品技术条件的规定	旁站见证/资料检查	电压：kV 电流：μA □是□否	
23	放电计数器动作情况及监视电流表指示检测	检查放电计数器的动作应可靠，避雷器监视电流表指示应良好	旁站见证/资料检查	□是□否	
五、隔离开关、高压熔断器试验验收			验收人签字：		
24	绝缘电阻试验	隔离开关的有机材料传动杆的绝缘电阻值，当额定电压在3～15kV时，不应低于1200MΩ；20～35kV时，不得低于3000MΩ	旁站见证/资料检查	绝缘电阻：MΩ □是□否	
25	高压限流熔丝管熔丝的直流电阻试验	与同型号产品相比不应有明显差别	旁站见证/资料检查	直流电阻：μΩ □是□否	
26	隔离开关导电回路的电阻试验	测试结果不应超过产品技术条件规定，交接试验时回路电阻值不应大于出厂值的1.2倍	旁站见证/资料检查	直流电阻：μΩ □是□否	
27	交流耐压试验	应按相对地/外壳进行耐压试验	旁站见证/资料检查	整体耐压：kV 断口耐压：kV □是□否	

续表

序号	验收项目	验收标准	检查方式	验收结论（是否合格）	验收问题说明
六、开关柜整体交流耐压试验验收			验收人签字：		
28	交流耐压试验	交流耐压试验过程中不应发生贯穿性放电	旁站见证/资料检查	□是□否	
七、SF_6 充气柜特殊验收			验收人签字：		
29	SF_6 气体试验	（1）SF_6 气体必须经 SF_6 气体质量监督管理中心抽检合格，并出具检测报告后方可使用； （2）SF_6 气体注入设备前后必须进行湿度试验，且应对设备内气体进行 SF_6 纯度检测，必要时进行气体成分分析。结果符合标准要求； （3）SF_6 气体含水量（20℃的体积分数），应符合下列规定：应不大于 250μL/L	旁站见证/资料检查	□是□否	
30	密封性试验	采用检漏仪对气室密封部位、管道接头等处进行检测时，检漏仪不应报警；每一个气室年漏气率不应大于 0.5%	旁站见证/资料检查	□是□否	
八、试验对比分析			验收人签字：		
31	试验数据分析	试验数据应通过显著性差异分析法和纵横比分析法进行分析，并提出意见	现场见证	□是□否	

（5）开关柜资料及文件验收标准卡如表 2-9 所示。

表 2-9　　开关柜资料及文件验收标准卡

开关柜基础信息	变电站名称		设备名称编号		
	生产厂家		出厂编号		
	验收单位		验收日期		
序号	验收项目	验收标准	检查方式	验收结论（是否合格）	验收问题说明
资料及文件验收			验收人签字：		
1	订货合同、技术协议	资料齐全	资料检查	□是□否	
2	安装使用说明书，图纸、维护手册等技术文件	资料齐全	资料检查	□是□否	

续表

序号	验收项目	验收标准	检查方式	验收结论（是否合格）	验收问题说明
3	重要材料和附件的工厂检验报告和出厂试验报告	齐全	资料检查	□是□否	
4	抗短路能力动态计算报告（突发短路型式试验报告）	资料齐全，数据合格	资料检查	□是□否	
5	出厂试验报告	资料齐全，数据合格	资料检查	□是□否	
6	安装检查及安装过程记录	记录齐全，数据合格	资料检查	□是□否	
7	安装过程中设备缺陷通知单、设备缺陷处理记录	记录齐全	资料检查	□是□否	
8	交接试验报告	项目齐全，数据合格	资料检查	□是□否	
9	变电工程投运前电气安装调试质量监督检查报告	项目齐全、质量合格	资料检查	□是□否	
10	变更设计的证明文件	资料齐全	资料检查	□是□否	
11	备品、备件及专用工具清单	资料齐全	资料检查	□是□否	

（6）开关柜启动投运验收标准卡如表 2-10 所示。

表 2-10　　开关柜启动投运验收标准卡

<table>
<tr><td rowspan="3">开关柜
基础信息</td><td>变电站名称</td><td></td><td>设备名称编号</td><td></td></tr>
<tr><td>生产厂家</td><td></td><td>出厂编号</td><td></td></tr>
<tr><td>验收单位</td><td></td><td>验收日期</td><td></td></tr>
</table>

<table>
<tr><th>序号</th><th>验收项目</th><th>验收标准</th><th>检查方式</th><th>验收结论
（是否合格）</th><th>验收问题
说明</th></tr>
<tr><td colspan="3">一、开关验收</td><td colspan="3">验收人签字：</td></tr>
<tr><td>1</td><td>开关分合</td><td>设备充电，分合开关，检查运行时无异常声响，电气及机械指示正确变位</td><td>现场检查</td><td>□是□否</td><td></td></tr>
<tr><td colspan="3">二、外观验收</td><td colspan="3">验收人签字：</td></tr>
<tr><td>2</td><td>柜体</td><td>带电后检查柜体无异常放电等声响，形变</td><td>现场检查</td><td>□是□否</td><td></td></tr>
<tr><td>3</td><td>分合指示</td><td>检查开关分合闸机械指示，电气指示对应正确</td><td>现场检查</td><td>□是□否</td><td></td></tr>
<tr><td>4</td><td>强制通风装置</td><td>强制通风装置启动正常，运转无异响</td><td></td><td></td><td></td></tr>
<tr><td colspan="3">三、电流互感器验收</td><td colspan="3">验收人签字：</td></tr>
<tr><td>5</td><td>电流</td><td>电流互感器无异常声响，电流指示正常</td><td>现场检查</td><td>□是□否</td><td></td></tr>
<tr><td colspan="3">四、电压互感器验收</td><td colspan="3">验收人签字：</td></tr>
<tr><td>6</td><td>电压</td><td>电压表显示电压正常，互感器无异响</td><td>现场检查</td><td>□是□否</td><td></td></tr>
<tr><td colspan="3">五、带电显示器验收</td><td colspan="3">验收人签字：</td></tr>
<tr><td>7</td><td>带电显示器</td><td>检查设备带电后带电显示器指示正确</td><td>现场检查</td><td>□是□否</td><td></td></tr>
</table>

项目三

开关柜检测

【项目描述】

本项目包含开关柜内断路器、电压互感器、电流互感器及避雷器的检测项目分类、操作方法以及检测结果的判断等内容。通过概念描述、原理分析、案例分析等，了解开关柜内设备各检测项目的分类及相关概念；熟悉对开关柜及柜内设备的检测方法以及检测时的注意事项；掌握对检测结果的分析判断，从而对开关柜及柜内设备的运行状况有一个全面的评估，为其检修策略的制定提供依据。

任务一　检测分类及检测结果处置原则

【任务描述】

本任务主要讲解开关柜中各类检测的相关定义以及不同检测结果的处置原则。

【知识要点】

开关柜内一次设备包括断路器、电流互感器、电压互感器、氧化锌避雷器、接地开关、穿柜套管及高压电缆等。为保证设备在运行过程中可承受运行电压以及各种原因引起的过电压，需要设备具有良好的绝缘性能，同时，对于电压互感器、电流互感器等设备，还要具有足够的精度，以满足保护与计量的需要。这就需要对设备进行各类检测，以保证其能够满足系统内可靠稳定运行的要求。

【技能要领】

现场对开关柜内设备进行的各类检测主要包括交接试验、例行试验和诊断性试验等，而例行试验又包括停电例行试验和带电检测。随着传感技术及数据传输技术的发展，在线监测技术也在开关柜检测中得到越来越多的应用，通过各类检测获取开关柜内设备的状态量，并对设备状态进行评估，从而提出有针对性的检修策略。

1. 交接试验

交接试验是新的电气设备在现场安装调试期间所进行的检查和试验。

2. 例行试验

例行试验是为获取设备状态量、评估设备状态、及时发现事故隐患、定期进行的各种带电检测和停电试验。需要设备退出运行才能进行的例行试验称为停电例行试验。

3. 诊断性试验

诊断性试验是在巡检、在线监测、例行试验时发现设备状态不良，或经受了不良工况，或受家族缺陷警示，或连续运行了较长时间，为进一步评估设备状态而进行的试验。

例行试验通常按周期进行，诊断性试验只在诊断设备状态时根据情况有选择地进行。例行试验的检测周期按照《国家电网公司输变电设备状态检修试验规程》的规定执行。

4. 带电检测

带电检测一般是采用便携式检测设备，在运行状态下对设备状态量进行的现场检测。其检测方式为带电短时间内检测，有别于长期连续的在线监测。

5. 在线监测

在线监测是在不停电情况下，对电力设备状况进行连续或周期性的自动监视检测。

6. 出厂值

出厂值是由设备（材料）供应商出具的出厂试验报告中所给出的试验测量值。

7. 初值

初值是指能够代表状态量原始值的试验值。初值可以是出厂值、交接试验值、早期试验值、设备核心部件或主体进行解体性检修之后的首次试验值等。初值差的计算公式为：

$$(\text{当前测量值}-\text{初值})/\text{初值}\times 100\%$$

8. 注意值

状态量达到注意数值时，设备可能存在或可能发展为缺陷。

9. 警示值

状态量达到警示数值时，设备已存在缺陷并有可能发展为故障。

10. 注意值处置原则

有注意值要求的状态量，若当前试验值超过注意值或接近注意值的趋势明显，对于正在运行的设备，应加强跟踪监测；对于停电设备，如怀疑属于严重缺陷，不宜投入运行。

11. 警示值处置原则

有警示值要求的状态量，若当前试验值超过警示值或接近警示值的趋势明显，对于运行设备应尽快安排停电试验；对于停电设备，消除此隐患之前，一般不应投入运行。

任务二　断路器停电检测项目

【任务描述】

本任务主要讲解开关柜中断路器相关的停电试验项目。通过对断路器相关试验项目的详细分析以及相关典型案例的介绍等，熟悉断路器停电试验项目具体实施的方法，掌握每次测试结果的分析及判断。

【知识要点】

开关柜内的断路器有真空断路器和 SF_6 断路器两种类型，其停电检测项目主要包括以下几项：

断路器整体对地、相间以及断口绝缘电阻；合闸接触器和分、合闸电磁铁线圈的直流电阻；主导电回路的回路电阻；操动机构合闸接触器和分、合闸电磁铁的最低动作电压；分、合闸时间以及分、合闸的同期性；速度特性；合闸弹跳与分闸反弹（仅针对真空断路器）；交流耐压试验；辅助回路和控制回路绝缘电阻；辅助回路和控制回路交流耐压；SF_6 气体湿度（仅针对 SF_6 断路器）；SF_6 气体成分分析（仅针对 SF_6 断路器）。

【技能要领】

一、断路器停电检测使用仪器、仪表及设备

为满足对断路器停电检测的需要，需提前准备好表 3-1 中所列各仪器仪表及设备，同时必须保证所有设备状态良好且在检测有效期内。

表 3-1 断路器停电检测使用仪器仪表及设备清单

序号	名称	单位	数量	备注
1	温、湿度计	只	1	
2	绝缘电阻表	台	1	
3	回路电阻测试仪	台	1	测试电流要求不小于 100A
4	单臂电桥	台	1	
5	可调直流电压源	台	1	电压：直流（0～250）V；电流：≥5A；纹波系数：≤3%
6	断路器特性测试仪	台	1	测试通道数应不少于 6 个
7	交流耐压试验装置	套	1	
8	SF_6 气体微水测试仪	套	1	
9	SF_6 气体成分分析仪	套	1	

二、断路器检测过程中危险点分析与安全控制措施

在对断路器进行停电检测过程中会存在各类危险点，检测前需针对各次检测所做的试验项目，找出可能存在的危险点并做出相应的安全控制措施，检测过程中常见的危险点及安全控制措施如表 3-2 所示。

表 3-2 断路器停电检测常见危险点及安全控制措施

序号	危险点分析	预防措施
1	作业人员进入作业现场不戴安全帽，不穿绝缘鞋，操作人员没有站在绝缘垫上，可能会发生人身伤害事故	进入试验现场，试验人员必须正确佩戴安全帽，穿绝缘鞋，操作人员站在绝缘垫上

续表

序号	危险点分析	预防措施
2	作业人员进入作业现场可能会发生走错间隔及与带电设备保持距离不够情况	开始试验前，负责人应对全体试验人员详细说明试验中的安全注意事项。根据带电设备的电压等级，试验人员应注意保持与带电体的安全距离不应小于《安规》中规定的距离
3	高压试验区不设安全围栏或安全围栏有缺口，会使非试验人员误入试验场地，造成触电	试验区应装设专用遮栏或围栏，应向外悬挂“止步，高压危险!”的标示牌，并有专人监护，严禁非试验人员进入试验场地
4	加压时无人监护，升压过程不呼唱，可能会造成误加压或非试验人员误入试验区，造成人员触电或设备损坏	试验过程应派专人监护，升压时进行呼唱，试验人员在试验过程中注意力应高度集中，防止异常情况的发生。当出现异常情况时，应立即停止试验，查明原因后，方可继续试验
5	试验设备接地不良，可能会造成试验人员伤害或仪器损坏	试验器具的接地端和金属外壳应可靠接地，试验仪器与设备的接线应牢固可靠
6	不挂接地线，可能会对试验人员造成伤害	遇异常情况、变更接线或试验结束时，应首先将电压回零，然后断开电源侧隔离开关，并在试品和加压设备的输出端充分放电并接地
7	试验设备和被试设备因不良气象条件和外绝缘脏污引起外绝缘闪络	高压试验应在天气良好的情况下进行，禁止在湿度大于80%时进行试验，保持设备外绝缘清洁
8	注意分、合闸线圈铭牌标注的额定动作电压，忽略时可能会造成低电压试验误加电压使线圈损坏	核对分、合闸线圈铭牌，注意控制试验加压范围
9	分、合闸试验时，可能会造成检修人员人身伤害事故	在试验中，应停下与此断路器相连设备（如电流互感器等）的工作，并提醒相关工作人员
10	外接直流电源进行试验时，可能会串入运行直流系统，造成系统跳闸事故	试验前须将断路器的二次控制回路的直流电源拉掉
11	试验完成后没有恢复设备原来状态导致事故发生	试验结束后，恢复被试设备原来状态，进行检查和清理现场
12	进入有 SF_6 气体绝缘开关的开关室内未检测气体含量并进行通风	进入有 SF_6 气体绝缘开关的开关室前，先观察入口处 SF_6 气体含量显示器示数，若无 SF_6 气体含量显示器，应先通风15min，并用检漏仪测量 SF_6 气体含量合格方可进入工作，不准一人进入从事检修工作
13	SF_6 气体湿度和气体成分测试后的废气随意排放易造成人员中毒或污染环境	测试时人员需在上风口，测试后的废气应进行回收，操作完后检测人员要及时清洗干净

三、断路器整体对地、相间以及断口绝缘电阻检测

该检测考察的是断路器的绝缘状况，测试时要求环境温度不宜低于5℃；环境相对湿度不宜大于80%。检测用的绝缘电阻表可分为手摇式绝缘电阻表和数字式绝缘电阻表。绝缘电阻表的精度不小于1.5%。

测量前，需先对绝缘电阻表进行检查，先将绝缘电阻表接地，将整流电源型绝缘电阻表或摇动发电机型绝缘电阻表在低速旋转时，用导线瞬间短接“L”端和“E”端子，其指示应为零。开路时，接通电源或者绝缘电阻表在额定转速时其指示应为正无穷。绝缘电阻表的高压端接上屏蔽连接线，连接线的另一端悬空（不接试品），再次接通电源或驱动绝缘电阻表，绝缘电阻表的指示应无明显差异。

测量时，绝缘电阻表的接线端子“L”接于被试设备的高压导体上，接地端子“E”接于被试设备的外壳或接地点上。若需用屏蔽减少表面泄漏的影响，屏蔽端子“G”接于设备的屏蔽环上，以消除表面泄漏电流的影响。被试品上的屏蔽环应接在接近加压的高压端而远离接地部分，减少屏蔽对地的表面泄漏，以免造成绝缘电阻表过负荷。

测试断路器整体对地的绝缘电阻时，使断路器处于合闸状态，断路器本体可靠接地，绝缘电阻表的接线端子“L”分别接于断路器A、B、C三相触头上，接地端子“E”接于被试断路器的外壳或接地点上，试验电压选取2500V挡位，待绝缘电阻表到达额定输出电压且读数稳定或加压至60s时，分别读取三相绝缘电阻值。规程要求绝缘电阻值不小于3000MΩ，且无显著下降。

测试断路器相间绝缘电阻时，使断路器处于合闸状态，断路器本体可靠接地，绝缘电阻表的接线端子“L”接于断路器测试相的触头上，另两相短接接地，接地端子“E”接于被试断路器的外壳或接地点上，试验电压选取2500V挡位，待绝缘电阻表到达额定输出电压且读数稳定或加压至60s时，分别读取各相对其他两相的绝缘电阻值。规程要求绝缘电阻值不小于3000MΩ，且无显著下降。

测试断路器断口间绝缘电阻时，使断路器处于分闸状态，将三相上触头或者下触头短接接地，绝缘电阻表的接线端子“L”分别接于断路器 A、B、C 三相另一侧触头上，接地端子“E”接于被试断路器的外壳或接地点上，试验电压选取 2500V 挡位，待绝缘电阻表到达额定输出电压且读数稳定或加压至 60s 时，分别读取三相断口间绝缘电阻值。规程要求绝缘电阻值不小于 3000MΩ，且无显著下降。

注意事项：

（1）测试前、测试过程中更改接线及测试完成后拆除接线时，都要对被试品充分放电并有效接地才可进行。

（2）测试前先将仪器可靠接地。

（3）读取绝缘电阻值后，如使用仪表为手摇式绝缘电阻表应先断开接至被试品高压端的连接线，然后将绝缘电阻表停止运转；如使用仪表为全自动式绝缘电阻表应等待仪表自动完成所有工作流程后，断开接至被试品高压端的连接线，然后将绝缘电阻表停止工作。

（4）在空气相对湿度较大的时候，应在被试品上装设屏蔽环接到表上的屏蔽端子上，减少外绝缘表面泄漏电流的影响。

（5）测量时应使用高压屏蔽线，测试线不要与地线缠绕，高压引线尽量缩短并悬空，必要时可使用绝缘子进行支撑。

（6）在耐压试验前后均应进行此项目，且要求耐压后绝缘电阻值无明显下降。

四、断路器合闸接触器和分、合闸电磁铁线圈的直流电阻检测

测量合闸接触器和分、合闸电磁铁线圈的直流电阻时使用直流电阻测试仪或专用单臂电桥，仪器精度应不低于 0.2 级，测试时分别将单臂电桥两个接线端子接至分合闸线圈的两端，根据电阻值的大小选取直流电阻测试仪的测试电流，进行测试即可。直流电阻与出厂值比较应无明显差别或符合制造厂规定。

注意事项：测试时，环境温度不宜低于 5℃，环境相对湿度不宜大于

80%，测试前先将仪器可靠接地；接线端子连接应可靠，测量后应充分放电。若直接将直流电阻测试仪的接线端子接至分、合闸线圈的两端，可直接测试出线圈的电阻，但此中测试方式需要拆下断路器的前面板；若从航空插头处测量分、合闸线圈回路的直流电阻，需要在断路器分闸状态下测合闸线圈的电阻，在合闸状态下测分闸线圈的电阻。

五、断路器主导电回路的回路电阻检测

测试断路器主导电回路的回路电阻使用回路电阻测试仪，测试电流要求不小于100A。应在设备合闸并可靠导通的情况下，测量每相的回路电阻值。测量时将电流线夹到对应的Ⅰ＋、Ⅰ－接线柱，电压线接到Ⅴ＋、Ⅴ－接线柱，两把夹钳夹在断路器各相两个触头上，若电压线和电流线是分开接线的，则电压线要接在触头的内侧，电流线应接在电压线的外侧。接线完毕后，接通仪器电源，进行测试，电流选取100A或者200A，阻值稳定后读出检测数据，并做好记录。主回路电阻测量值不大于制造厂出厂值的1.2倍或按制造厂规定。

若回路电阻测试值超出制造厂规定或大于出厂值的1.2倍，可尝试找出回路电阻值增大的原因，主要有以下几种原因：

（1）电压或者电流夹钳未夹紧或者夹子与触头之间接触面上有锈蚀或者脏污；

（2）导电回路连接处螺丝松动导致某个或某几个接触面接触不可靠；

（3）断路器灭弧室触头间存在氧化层，导致接触不良。

当出现回路电阻阻值增大时，不能直接判断断路器故障，首先需排除接线端子接触不良这种情况的影响，再将被试设备进行分、合操作若干次，重新测量，若仍偏大，可分段查找以确定接触不良的部位，即利用电压线和电流线分开接线的回路电阻测试仪，保持电流接线端子不变，移动电压接线端子，分别测试各段的回路电阻值，与每段回路电阻的经验值比较，找出回路电阻增大的部位。若是紧固螺丝松动，将其紧固后再行测试，若是灭弧室内触头所在位置增大，可再行增加分合开关次数，或增大测试电

流值进行测试。

注意事项：

（1）测试前要清除断路器触头和接线端子接触面的油漆及金属氧化层，保证接触面清洁；

（2）测试前先将仪器可靠接地；

（3）在没有完成全部接线时，不允许在测试接线开路的情况下通电，否则会损坏仪器；

（4）测试时，为防止被测断路器突然分闸，应断开被测设备操作回路的电源；

（5）测试线应接触良好、连接牢固，防止测试过程中突然断开损坏设备；

（6）测量时禁止将电流线夹在开关触头弹簧上，防止烧坏弹簧。

六、断路器的机械特性检测

测试开关柜内断路器机械特性使用的仪器为断路器特性综合测试仪，主要包括：操动机构合闸接触器和分、合闸电磁铁的最低动作电压，分、合闸时间以及分、合闸的同期性，合闸弹跳与分闸反弹（仅针对真空断路器），速度特性。同时，在机械特性试验中可同步记录触头行程曲线，并确保在规定的范围内。

测试注意事项：

（1）测试前先将仪器可靠接地，其次将断路器一侧三相短路接地，最后进行其他接线。

（2）测试前根据被试断路器控制电源的类型和额定电压，选择合适的触发方式并调节好控制电源电压。

（3）测速时，根据被试断路器的制造厂不同，断路器型号不同，需要进行相应的“行程设置”；测量分、合闸速度时应取产品技术条件所规定区段的平均速度，通常可分为刚分速度、刚合速度及最大分闸速度、最大合闸速度。技术条件无规定时，SF_6 断路器一般推荐取刚分后和刚合前 10ms

内的平均速度分别作为刚分和刚合速度，并以名义超程的计算始点作为刚分和刚合计算点；真空断路器一般推荐取刚分后和刚合前6mm内的平均速度分别作为刚分和刚合速度。最大分闸速度取断路器分闸过程中区段平均速度的最大值，但区段长短应按技术条件规定，如无规定，应按10ms计。

（4）使用内触发方式测试前必须断开被试断路器控制电源。

（5）使用仪器对断路器进行储能时必须提前断开断路器储能电源。

（6）测量速度特性时，根据断路器现场实际情况选择合适的测速传感器。

1. 断路器操动机构合闸接触器和分、合闸电磁铁的最低动作电压检测

断路器操动机构合闸接触器和分、合闸电磁铁的最低动作电压检测时，将断路器综合测试仪上的低电压动作输出端分别接至二次接线盒上对应的分、合闸插针上，储能电源接至相对应储能插针，按照测试需要，逐步升高输出电压值，直至断路器分闸或者合闸，记录下最低动作电压。根据规程要求，在额定操动电压的85%～110%内应能可靠合闸（交接），在使用电磁机构时，合闸电磁铁线圈通流时的端电压为操作电压额定值的80%（关合电流峰值等于及大于50kA时为85%）时应可靠动作；在额定操动电压的30%～65%内应能可靠分闸，进口设备应满足制造厂规定。操动机构分、合闸电磁铁或合闸接触器端子上的最低动作电压应在操作电压额定值的30%～65%之间。30%额定操作电压以下时不得分、合闸。当分合闸电磁铁动作电压不满足规范要求时，宜检查动静铁芯之间的距离，检查电磁铁芯是否灵活，有无卡涩情况，或者通过调整分合闸电磁铁与动铁芯间隙的大小来调整动作电压，缩短间隙，动作电压升高，反之降低。当调整了间隙后，应进行断路器分合闸时间测试，防止间隙调整影响机械特性。

2. 断路器分、合闸时间及分、合闸同期性检测

断路器分、合闸时间以及分、合闸的同期性检测时，将非短接接地一端按照相别分别接至断路器特性综合测试仪对应测试端口，采用变电站内运行的直流系统或外接可调直流电源施加额定的操作电压进行分、合闸操作，同时记录下分、合闸时间并进行同期性比较。一般综合测试仪可自动

记录下三相分合闸时间并计算出同期性。根据规程要求，分、合闸时间应在制造厂规定范围内；除制造厂另有规定外，断路器的分、合闸同期性还应满足下列要求：

（1）相间合闸不同期不大于5ms；

（2）相间分闸不同期不大于3ms；

（3）同相各断口间合闸不同期不大于3ms；

（4）同相各断口间分闸不同期不大于2ms。

当合闸时间不满足规范要求时，可能的原因有：①合闸电磁铁顶杆与合闸掣子位置不合适；②合闸弹簧疲劳；③合闸弹簧拉紧力过大；④开距或超程不满足要求。应综合分析上述原因，按照厂家技术要求，对合闸电磁铁、分合闸弹簧、机构连杆进行调整。

当分闸时间不满足规范要求时，可能造成的原因有：①分闸电磁铁顶杆与分闸掣子位置不合适；②分闸弹簧疲劳；③开距或超程不满足要求。应综合分析上述原因，按照厂家技术要求，对分闸电磁铁、分合闸弹簧、机构连杆进行调整。

当合分时间不满足规范要求时，可能造成的原因有：①单分、单合时间不满足规范要求；②断路器操动机构的脱扣器性能存在问题。应综合分析上述原因，按照厂家技术要求，对单分、单合时间进行调整或者对脱扣器进行调节。

当不同期值不满足规范要求时，可能造成的原因有：①三相开距不一致；②分相机构的电磁铁动作时间不一致。应综合分析上述原因，按照厂家技术要求，对分闸电磁铁、分合闸弹簧、机构连杆进行调整。

3. 真空断路器的合闸弹跳及分闸反弹检测

真空断路器的合闸弹跳可与分闸反弹在检测时，可与断路器分、合闸时间测试同步进行，其中12kV真空断路器合闸弹跳时间小于2ms；40.5kV真空断路器合闸弹跳时间小于3ms。

4. 断路器的速度特性检测

断路器的速度特性检测时，需根据断路器的结构特征，选择合适的位置安装速度传感器，并根据被试断路器的制造厂、型号进行相应的“行程设置”。采用变电所内运行的直流系统或外接可调直流电源施加额定的操作电压进行分、合闸操作，同时记录下断路器的速度特性，该项目可与测量分、合闸时间同时进行。断路器的速度特性需满足制造厂的相关规定。当分、合闸速度特性不满足要求时，原因及处理方式与分、合闸时间不满足要求相同，参照同样的方式进行调整。

注意事项：

（1）安装、拆除传感器前应确认断路器分、合闸能量完全释放，控制电源及电机电源完全断开；

（2）传感器安装时应，防止由于传感器安装不当，造成断路器动作时损坏仪器及断路器；

（3）现场无条件安装采样装置的断路器，可不进行；

（4）断路器的某项机械特性试验不合格调整合格后，需对所有项目重新检测一次，全部项目合格后方能通过。

七、断路器主绝缘交流耐压试验

断路器主绝缘交流耐压试验所用设备为交流耐压成套试验装置，主要包括试验变压器、调压设备、过流保护装置、电压/电流测量装置及其控制装置等。根据被试品的试验电压，选用具有合适电压的试验变压器。试验电压较高时，可采用多级串接式试验变压器。并检查试验变压器所需低压侧电压是否与现场电源电压、调压器相配。

对断路器主绝缘进行的交流耐压试验内容主要有：合闸时，试验电压施加于各相对地及相间；分闸时，施加于各相端口。被试品在耐压试验前，应先进行其他常规试验，合格后再进行耐压试验。相间、相对地及断口的试验电压值相同，对于真空断路器，交接试验耐压值为：12kV，42kV/1min；40.5kV，95kV/1min；例行试验耐压值为出厂值的80%，耐压时间均为加至试验电压后60s。

当进行本体对地及相间交流耐压试验时，断路器处于合闸状态，本体接地，测试相接在试验变压器高压端，其余两相短接接地；进行断口间耐压试验时，将一端触头短接接地，另一端短接接试验变压器的高压端，按照上述电压等级及时间分别进行试验。

注意事项：

（1）升压必须从零（或接近于零）开始，切不可冲击合闸。

（2）升压速度在75％试验电压以前，可以是任意的，自75％电压开始应均匀升压，均为每秒2％试验电压的速率升压。

（3）耐压试验后，迅速均匀降压到零（或接近于零），然后切断电源。充分放电并将地线挂至升压设备的高压端后再行更改或者拆除试验接线。

（4）如试验中如无破坏性放电发生，耐压试验结束后，要按照上述绝缘电阻测试方法再次测试各部位的绝缘电阻值，该值与耐压试验前测得的绝缘电阻值相比无明显变化，则认为耐压试验通过。

（5）在升压和耐压过程中，如发现电压表指示变化很大，电流表指示急剧增加，调压器往上升方向调节，电流上升、电压基本不变甚至有下降趋势，被试品冒烟、出气、焦臭、闪络、燃烧或发出击穿响声（或断续放电声），应立即停止升压，降压、停电后查明原因。这些现象如查明是绝缘部分出现的，则认为被试品交流耐压试验不合格。如确定被试品的表面闪络是由于空气湿度或表面脏污等所致，应将被试品清洁干燥处理后，再进行试验。当断路器绝缘件在试验后如出现普遍或局部发热，则认为绝缘不良，应立即处理后，再做耐压试验。试验中途因故失去电源，在查明原因，恢复电源后，应重新进行全时间的持续耐压试验。

八、辅助回路和控制回路绝缘电阻

辅助回路和控制回路的绝缘电阻测量使用1000V绝缘电阻表进行，测试结果要求不小于2MΩ。测试过程中，非被测部位应短接接地，测试完成后或者更改接线时要充分放电。

九、辅助回路和控制回路交流耐压

辅助回路和控制回路交流耐压试验利用试验变压器或用2500V绝缘电

阻表代替，耐压值为2kV/1min，用试验变压器进行耐压试验时，要控制升压速度。耐压试验后绝缘电阻值不应降低。

十、SF_6 气体湿度（仅针对 SF_6 断路器）

测试断路器中 SF_6 气体湿度使用的仪器为微水测试仪，从断路器气体充气口接入微水测试仪。试验前应用纯净气体对仪器进行吹洗，气路连接完毕后再行打开阀门，此时需对整个气路进行检漏，防止空气中的水分对测试结果造成影响。测量时缓慢开启调节阀，仔细调节气体压力和流速至微水测试仪规定的范围内，测量过程中保持测量流量稳定，待试验数值稳定后读取读数。

由于环境温度对设备中气体湿度有明显的影响，测量结果应折算到20℃时的数值；如设备生产厂提供折算曲线和图表，可采用厂家提供的曲线、图表进行温度折算。

新充（补）气24h之后至2周之内应测量1次；气体压力明显下降时，应定期跟踪测量气体湿度；新投运时，若接近注意值，半年之后应再测1次。设备投产交接试验时，微水值≤150μL/L；设备运行过程中，微水值≤300μL/L。

注意事项：

（1）检测时，应认真检查气体管路、检测仪器与设备的连接，防止气体泄漏。室内或必要时检测人员应佩戴安全防护用具。

（2）检测时，应严格遵守操作规程，检测人员和检测仪器应避开设备取气阀门开口方向，并站在上风侧，防止取气造成设备内气体大量泄漏及发生其他意外。

（3）检测时，应严格遵守操作规程，防止气体压力突变造成气体管路和检测仪器损坏。

（4）当气体绝缘设备发生故障引起大量 SF_6 气体外溢时，检测人员应立即撤离事故现场。

（5）设备安装在室内应有良好的通风系统，进入设备安装室前应先通风 15～20min，并应保证在 15min 内换气一次，含氧量达到 18%以上，SF_6 气体浓度小于 1000μL/L，方可进入室内进行检测工作。

（6）设备内 SF_6 气体不准向大气排放，应采取净化回收措施，经处理检测合格后方准再使用。回收时作业人员应站在上风侧。

（7）试验过程中，气路连接完毕后，应用 SF_6 检漏仪对整个气路进行检漏，检测结束时，检测人员应拆除自装的管路及接线，并对被试设备进行检查（对取气阀门进行检漏），恢复试验前的状态。

十一、SF_6 气体成分分析（仅针对 SF_6 断路器）

SF_6 气体成分分析使用的仪器为 SF_6 气体成分分析仪，或使用 SF_6 气体综合测试仪（该装置可同时测得 SF_6 气体中微水值）。怀疑 SF_6 气体质量存在问题，或缺陷分析时，可选择性地进行 SF_6 气体成分分析。对于运行中的 SF_6 设备，若检出 SO_2 或 H_2S 等杂质组分含量异常时，应结合 CO、CF_4 含量及其他检测结果、设备电气特性、运行工况等进行综合分析。

测试时，先用新气冲洗管路约 5min，确定仪器的检测“零点”和降低被检测组分之间的交叉干扰然后再将测试仪器与被测气室相连进行测量。气路连接后需对整个气路进行检漏，防止空气中的水分对测试结果造成影响。测量时缓慢开启调节阀，仔细调节气体压力和流速至微水测试仪规定的范围内，测量过程中保持测量流量稳定，待试验数值稳定后读取数据。测试结果要满足以下规程要求：

CF_4 增量≤0.1%（新投运≤0.05）%；

空气（O_2+N_2）≤0.2%（新投运≤0.05）；

可水解氟化物≤1.0μg/g；

矿物油≤10μg/g；

毒性（生物试验）：无毒；

密度（20℃，0.1013MPa）：6.17g/L；

SF_6 气体纯度≥99.8%（质量分数）；

酸度≤0.3μg/g；

杂质组分（CO、CO_2、HF、SO_2、SF_4、SOF_2、SO_2F_2）：监督增长情况，$SO_2 \leqslant 1\mu L/L$，$H_2S \leqslant 1\mu L/L$。

注意事项：

（1）检测时，应认真检查气体管路、检测仪器与设备的连接，并选择适当接头，防止气体泄漏，必要时检测人员应佩戴安全防护用具。

（2）检测时，应严格遵守操作规程，检测人员和检测仪器应避开设备取气阀门开口方向，难以避开的应采取相应防护措施，防止取气造成设备内气体大量泄漏及发生其他意外。

（3）检测时，应严格遵守操作规程，防止气体压力突变造成气体管路、试验设备、检测仪器损坏。

（4）当气体绝缘设备发生故障引起大量 SF_6 气体外溢时，检测人员应立即撤离事故现场。

（5）设备安装在室内应有良好的通风系统，通风 15min 后，含氧量达到 18%以上，SF_6 气体浓度小于 1000$\mu L/L$，方可进入室内进行检测工作。

（6）设备内 SF_6 气体不准向大气排放，应采取净化回收措施，经处理检测合格后方准再使用。回收时作业人员应站在上风侧。

（7）检测结束时，检测人员应拆除自装的管路及接线，并对被试设备进行检查，并对阀门进行检漏，保证设备密封良好无泄漏。

【典型案例】

1. 案例描述

2014 年 8 月，某 110kV 变电站 2 号电容器组的断路器在运行过程中出现一次分闸不到位现象（A、C 相有电流，B 相无电流），最终经无电手动分闸，强行使触头分开。该断路器于 2013 年 5 月投运，投运时各项试验结果均合格。

试验人员在现场对断路器进行分合闸操作试验，排查该故障是否由弹簧操作机构所引起。经过近 200 次的操作，结果显示弹簧操动机构运行正常，断路器分闸皆到位，无法重现当时分闸不到位的现象。操动机构合闸接触器和分、合闸电磁铁的最低动作电压和分、合闸时间以及分、合闸的同期性均正常；但在分闸后出现短时间的尖波。由于该变电站另一台同厂设备也出现过三相分闸不一致的情况，为进一步检查产品的质量，对该台断路器进行返厂拆解检查。返厂后试验，从表 3-3 中试验数据明显看出：断路器分闸反弹幅值（7.793mm）远远超出规程规定的小于额定开距 20％的上限，其余试验数据均满足规程要求。

表 3-3　　　　返厂试验分闸反弹数据

相序	A	B	C
开距/mm	8.6	8.6	8.7
分闸反弹幅值/mm	7.793		

为了进一步确认分闸反弹量大的原因，对该断路器进行解体分析，如图 3-1 和图 3-2 所示。从图中可以看出，动、静触头有明显的熔焊黏合现象，断路器分闸不到位应是触头熔焊粘住所致。油缓冲器密封圈已明显老化受损，并存在漏油现象。

图 3-1　被烧损的触头

图 3-2　老化的油缓冲器密封圈

2. 原因分析

发生触头熔焊的原因主要有：

（1）电阻发热。这种方式是由接触电阻的发热使导电斑点及其附近的金属融化而引起熔焊，但其发热需要的时间长，对断路器导电零部件的损伤极大，过程也很明显，很容易被发现并采取相应措施，基本可以排除。

（2）预击穿的可能性。预击穿产生的电弧，弧体温度很高，使得灭弧室动静触头表面有融化点，合闸时造成动静触头液面接触，冷却后熔焊在一起。

（3）合闸涌流的可能性。电容器组投入时会产生合闸涌流。涌流的频率较高，可达几百到几千赫兹，幅值比电容器正常工作电流大几倍至几十倍，衰减很快且持续时间很短，小于20ms。涌流过大可能造成灭弧室触头熔焊烧损，通常采取串联电抗器来限制合闸涌流，以减少对系统的影响。

（4）分闸反弹大引起重燃。此台断路器分闸反弹大，在切除电容器时容易引起重燃，若分闸反弹过大，使得分闸时触头反弹至即将合闸的位置，则会导致熔焊现象，形成一定的熔焊连接力，使得当时的分闸操作无法完全断开。此台断路器的故障油缓冲器经过生产厂家的解剖分析，发现内部的O型密封圈有老化现象，密封性能减弱，引起油缓冲器漏油，导致分闸反弹能量无法得到快速有效吸收，分闸反弹异常增大，引起重燃，导致熔焊现象，以致无法可靠分闸。

3. 防控措施

根据事故原因综合分析结果，此次真空断路器分闸不到位事故是由于油缓冲器密封圈老化导致缓冲器性能下降，分闸反弹明显增大，触头熔焊，最终导致分闸不到位引起的。为了避免事故的发生，保证电网的安全可靠运行，现场运行要求断路器必须可靠分闸，若无法可靠分闸或分闸不到位，都可能埋下严重的事故隐患。常规的例行试验项目无法发现断路器分闸反弹，若断路器存在此故障而未被发现，则会大大增加由此而引起的重燃、熔焊等问题发生的概率。对电容器组的真空断路器来说，其开断容性电流的能力较开断一般线路的感性电流的能力相对较差，容易出现分闸反弹超标引起电弧重燃，因此，在运行阶段，对此类断路器的分闸性能尤其是分闸反弹需引起足够的重视。

任务三　柜内电流互感器停电检测项目

【任务描述】

本任务主要讲解开关柜中电流互感器相关的停电试验项目。通过对电流互感器相关试验项目的详细分析，熟悉电流互感器停电试验项目具体实施的方法，掌握每次测试结果的分析及判断。

【知识要点】

目前，开关柜内的电流互感器绝大部分均为固体绝缘电流互感器，固体绝缘电流互感器停电检测项目主要包括：绝缘电阻检测，绕组直流电阻检测，电流比、极性检查，励磁特性曲线校核，交流耐压以及局部放电检测。

【技能要领】

一、检测使用的仪器仪表及设备

为满足对固体绝缘电流互感器停电检测的需要，需提前准备表3-4中所列各仪器仪表及设备，同时必须保证所有设备状态良好且在检测有效期内。

表3-4　固体绝缘电流互感器停电检测使用仪器仪表及设备清单

序号	名称	单位	数量	备注
1	温、湿度表	只	1	
2	绝缘电阻表	台	1	输出电流2.5mA
3	交流耐压试验装置	套	1	分压器准确度要求：≤1%
4	直流电阻测试仪	套	1	测试电流≤5A
5	互感器综合特性测试仪	套	1	
6	局部放电测试装置	套	1	5级，2通道以上；频带满足要求

二、检测过程中的危险点分析与安全控制措施

在对固体绝缘电流互感器进行停电检测过程中会存在各类危险点，检测前需针对各次检测所做的试验项目，找出可能存在的危险点并做出相应的安全控制措施，检测过程中常见的危险点及安全控制措施如表3-5所示。

表 3-5　　固体绝缘电流互感器停电检测常见危险点及安全控制措施

序号	危险点分析	预防措施
1	作业人员进入作业现场不戴安全帽，不穿绝缘鞋，试验操作人员不站在绝缘垫上操作可能会发生人身伤害事故	进入试验现场，试验人员必须正确佩戴安全帽，穿绝缘鞋，交流高电流试验时，试验操作人员应站在绝缘垫上操作
2	作业人员进入作业现场可能会发生走错间隔及与带电设备保持距离不够情况	开始试验前，负责人应对全体试验人员详细说明试验中的安全注意事项。根据带电设备的电流等级，试验人员应注意保持与带电体的安全距离不应小于《国家电网公司电力安全工作规程（变电部分）》规定的距离
3	高压试验区不设安全围栏或安全围栏有缺口，会使非试验人员误入试验场地，造成触电	高压试验区应装设专用遮栏或围栏，向外悬挂“止步，高压危险！”的标示牌，并有专人监护，严禁非试验人员进入试验场地
4	加压时无人监护，升压过程不呼唱，可能会造成误加压或设备损坏，人员触电	试验过程应派专人监护，升压时进行呼唱，试验人员在试验过程中注意力应高度集中，防止异常情况的发生。当出现异常情况时，应立即停止试验，查明原因后，方可继续试验
5	试验中接地不良，可能会造成试验人员伤害和仪器损坏	试验器具的接地端和金属外壳应可靠接地，试验仪器与设备的接线应牢固可靠
6	不断开电源，不挂接地线，可能会对试验人员造成伤害	遇异常情况、变更接线或试验结束时，应首先将电流回零，然后断开电源侧隔离开关，并在试品和加压设备的输出端充分放电并接地
7	试验设备和被试设备因不良气象条件和表面脏污引起外绝缘闪络	试验应在天气良好的情况下进行，禁止在湿度大于 80%时进行试验，保持设备绝缘表面清洁
8	进行交流耐压试验时，由于系统感应电可能会造成对试验人员和设备的伤害	拆除被试电流互感器各侧与系统连接的一切引线，试验前，将电流互感器一次绕组短接，二次绕组短路接地，充分放电。放电时应采用专用绝缘工具，不得用手触碰放电导线
9	测量电流互感器绕组绝缘电阻时，可能会造成试验人员触电	任一绕组测试完毕，应进行充分放电后，才能更改接线
10	试验完成后没有恢复设备原来状态导致事故发生	试验结束后，恢复被试设备原来状态，进行检查和清理现场

三、绝缘电阻检测

该项目考察的是电流互感器的绝缘状况，测试时要求环境温度不宜低于5℃；环境相对湿度不宜大于80%。检测用的绝缘电阻表可分为手摇式绝缘电阻表和数字式绝缘电阻表。绝缘电阻表的精度不应小于1.5%，若用数字式绝缘电阻表，要求输出电流不小于2.5mA。

测量前，需先对绝缘电阻表进行检查，首先，将绝缘电阻表接地，将整流电源型绝缘电阻表或摇动发电机型绝缘电阻表在低速旋转时，用导线瞬间短接“L”端和“E”端子，其指示应为零。开路时，接通电源或者绝缘电阻表在额定转速时其指示应为正无穷。绝缘电阻表的高压端接上屏蔽连接线，连接线的另一端悬空（不接试品），再次接通电源或驱动绝缘电阻表，绝缘电阻表的指示应无明显差异。测试前还需保证电流互感器外壳可靠接地。

测量时，绝缘电阻表的接线端子“L”接于被试设备的高压导体上，接地端子“E”接于被试设备的外壳或接地点上，若需用屏蔽减少表面泄漏的影响，屏蔽端子“G”接于设备的屏蔽环上，以消除表面泄漏电流的影响。被试品上的屏蔽环应接在接近加压的高压端而远离接地部分，减少屏蔽对地的表面泄漏，以免造成绝缘电阻表过负荷。

测试一次绕组对二次绕组及地的绝缘电阻时，将所有二次绕组全部短接并接地，将绝缘电阻表的“E”接地或者接至短接接地的二次绕组处；将电流互感器的一次绕组的首、末端短接并接至绝缘电阻表的“L”端子，屏蔽端“G”接至电流互感器的外绝缘表面，可用裸铜线在外绝缘上紧密缠绕后接至“G”端。试验电流选择2500V，待读数稳定或者读取60s时绝缘电阻值，要求一次绕组绝缘电阻值不低于3000MΩ，与初值相比不应有显著的变化。

测试二次绕组间及对地绝缘电阻时，将电流互感器的一次绕组的首、末端短接接地，非测试二次绕组全部短接并接地，将绝缘电阻表的“E”接地；被测二次绕组短接接至绝缘电阻表的“L”端。试验电流选择1000V，待读数稳定或者读取加压至60s时绝缘电阻值，要求一次绕组绝缘电阻值不低于1000MΩ，与初值相比不应有显著的变化。

注意事项：

（1）测试前、测试过程中更改接线及测试完成后拆除接线时，都要对被试互感器及周围导体充分放电并有效接地后才可进行。

(2) 测试前先将仪器可靠接地。

(3) 读取绝缘电阻值后，如使用仪表为手摇式绝缘电阻表，应先断开接至被试品高压端的连接线，然后将绝缘电阻表停止运转；如使用仪表为全自动式绝缘电阻表，应等待仪表自动完成所有工作流程后，断开接至被试品高压端的连接线，然后将绝缘电阻表停止工作。

(4) 在空气相对湿度较大的时候，应在被试品上装设屏蔽环接到表上的屏蔽端子上。减少外绝缘表面泄漏电流的影响。

(5) 测量时应使用高压屏蔽线，测试线不要与地线缠绕，高压引线尽量缩短并悬空，必要时可使用绝缘子进行支撑。

(6) 在耐压试验前后均应进行次项目，且要求耐压后绝缘电阻值无明显下降。

四、绕组直流电阻检测

通过绕组直流电阻的检测可以检查电流互感器绕组接头的焊接质量和绕组有无匝间短路，引线有无断裂等情况。互感器绕组直流电阻的测量包括一次绕组和二次绕组直流电阻的测量，使用的仪器为直流电阻测试仪。

对于电流互感器直流电阻测试来说，一、二次绕组的检测方法相同，首先将被试电流互感器外壳及仪器接地端子可靠接地，将一、二次绕组的外接连线拆除隔离清楚，将被测绕组两端分别接至直流电阻测试仪的测试端子上，根据被测绕组的直流电阻阻值大小，选择适当的检测电流进行测试即可。

测试结果换算至同一温度，与初值比较，应无明显差别。交接试验时，同型号、同规格、同批次一、二次绕组直流电阻和平均值的差异不宜大于10%。

注意事项：

(1) 为了与出厂及历次测量的数据比较，应将不同温度下测量的数值比较，将不同温度下测量的直流电阻换算到同一温度，以便比较。

（2）对二次绕组进行直流电阻检测时，需要拆除外部接线，拆除时必须记录清楚，测试完毕恢复接线后应由工作负责人或由负责人指定的专人进行核对检查，以免二次绕组接线错误。

（3）试验前、试验过程中更改接线以及试验结束后，均需对被试电流互感器充分进行放电并接地。

五、电流比及极性检查

通过绕组电流比及极性检查试验，可以判断绕组匝数比以及极性的正确性，检查是否存在匝间短路等情况。本试验使用的仪器为互感器综合测试仪（带极性判断功能）。

测试时，首先将被试电流互感器外壳及仪器接地端子可靠接地，将一、二次绕组的外接连线拆除隔离清楚；将电流互感器一次绕组 P1、P2 与互感器综合测试仪一次接线端子相连，将各二次绕组与互感器综合测试仪二次接线端子相连，未接入的二次绕组要短接接地。选择变比测试功能并输入额定变比，开始检测，测试结果须符合设计要求，与铭牌和端子标志相符。若二次端子带有中间抽头，需要对每个抽头位置进行检测。

六、励磁特性曲线校核

电流互感器励磁特性曲线试验的目的是：可用此特性计算 10%误差曲线，可以校核用于继电保护的电流互感器的特性是否符合要求，并可从励磁特性发现一次绕组有无匝间短路现象。电磁式电压互感器励磁特性测量的设备通常使用互感器综合特性测试仪或使用调压设备、电压表、电流表来进行检测。

测试前，首先将被试电压互感器外壳及仪器接地端子可靠接地，将一、二次绕组的外接连线拆除隔离清楚，测试时，一次侧开路，从二次侧施加电压，为了读数方便，根据额定电流，可以预先选取几个电流点，逐点读取相应的电压值。通入的电流或电压以不超过制造厂技术条件的规定为准。当电流增大而电压变化不大时，说明铁芯已饱和，应停止试验。试验后，根据试验数据绘出伏安特性曲线。测试时也可利用互感器综合测试仪，将被测二次绕组接入，按要求输入电流互感器参数即可开始自动检测并输出励磁特性曲线。

电流互感器的励磁特性曲线，只对继电保护有要求的二次绕组进行。实测的励磁特性曲线与过去或出厂的励磁特性曲线比较，电压不应有显著下降。若有显著降低，应通过其他试验手段检查是否存在二次绕组的匝间短路。

七、交流耐压试验

通过交流耐压试验，可以考察电流互感器的绝缘状况。测试前，首先保证被试电流互感器外壳及仪器接地端子可靠接地，对电流互感器充分放电并接地后，将一、二次绕组的外接连线拆除隔离清楚。

对一次绕组进行耐压试验，试验时将被试绕组短接接至试验变压器的高压侧，其余绕组均短接接地。对一次绕组，试验电压值为设备出厂值的80%，对于二次绕组，试验电压为2kV，耐压时间均为电压升至试验电压后60s。耐压试验前后均要进行绝缘电阻检测。

（1）升压必须从零（或接近于零）开始，切不可冲击合闸。

（2）升压速度在75%试验电流以前，可以是任意的，自75%电流开始应均匀升压，均为每秒2%试验电流的速率升压。

（3）耐压试验后，迅速均匀降压到零（或接近于零），然后切断电源。充分放电并将地线挂至升压设备的高压端后再行更改或者拆除试验接线。

（4）如试验中如无破坏性放电发生，耐压试验结束后，要按照上述绝缘电阻测试方法再次测试各部位的绝缘电阻值，该值与耐压试验前测得的绝缘电阻值相比无明显变化，则认为耐压试验通过。

（5）在升压和耐压过程中，如发现电流表指示变化很大，电流表指示急剧增加，调压器往上升方向调节，电流上升、电流基本不变甚至有下降趋势，被试品冒烟、出气、焦臭、闪络、燃烧或发出击穿响声（或断续放电声），应立即停止升压，降压、停电后查明原因。这些现象如查明是绝缘部分出现的，则认为被试品交流耐压试验不合格。如确定被试品的表面闪络是由于空气湿度或表面脏污等所致，应将被试品清洁干燥处理后，再进行试验。当断路器绝缘件在试验后如出现普遍或局部发热，则认为绝缘不良，应立即处理后，再做耐压。试验中途因故失去电源，在查明原因恢复电源后，应重新进行全时间的持续耐压试验。

八、局部放电检测

当互感器内部存在一些非贯穿性绝缘缺陷，例如尖端毛刺，绝缘内部的气隙等，这些缺陷在常规试验中很难发现，可通过局部放电的检测发现这些隐藏的缺陷。如图 3-3 所示为外施电压法局部放电检测原理图，局部放电信号可以通过耦合电容器取得。

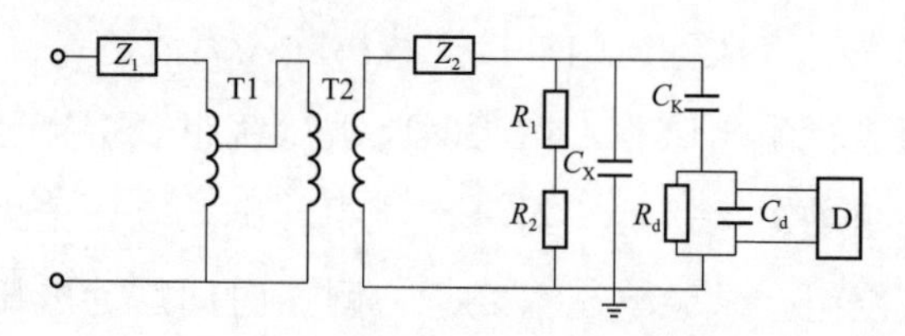

图 3-3　外施电压法局部放电检测原理图

局部放电检测时，一次绕组短接接至试验变压器高压侧，二次绕组短接接地。加压前需用脉冲电流发生器进行放电量的标定。开始试验时，按照规程要求步骤进行加压，在测试电压幅值为 $1.2U_m/\sqrt{3}$时，要求局部放电量不超过 50pC，测试时需要记录局部放电的起始电压和熄灭电压。

任务四　柜内电压互感器停电检测项目

【任务描述】

本任务主要讲解开关柜中电压互感器相关的停电试验项目。通过对电压互感器相关试验项目的详细分析，熟悉电压互感器停电试验项目具体实施的方法，掌握每次测试结果的分析及判断。

【知识要点】

目前，开关柜内的电压互感器绝大部分均为固体绝缘电磁式电压互感器，固体绝缘电磁式电压互感器停电检测项目主要包括：绝缘电阻检测，绕组直流电阻检测，电压比、极性检查，励磁特性曲线校核，局部放电检测，交流耐压试验。

【技能要领】

一、检测使用的仪器仪表及设备

为满足对固体绝缘电磁式电压互感器停电检测的需要，需提前准备表 3-6 中所列各仪器仪表及设备，同时必须保证所有设备状态良好且在检测有效期内。

表 3-6　固体绝缘电磁式电压互感器停电检测使用仪器仪表及设备清单

序号	名称	单位	数量	备注
1	温、湿度表	只	1	
2	绝缘电阻表	套	1	输出电流 2.5mA
3	交流耐压试验装置	套	1	
4	高压分压器	套	1	测量仪器准确度要求：≤1%
5	直流电阻测试仪	只	1	
6	互感器综合特性测试仪	套	1	
7	局部放电测试系统	套	1	测量仪器准确度要求：≤5%
8	感应耐压试验装置	套	1	

二、检测过程中危险点分析与安全控制措施

在对固体绝缘电磁式电压互感器进行停电检测过程中会存在各类危险点，检测前需针对各次检测所做的试验项目，找出可能存在的危险点并做出相应的安全控制措施，检测过程中常见的危险点及安全控制措施如表 3-7 所示。

表 3-7 固体绝缘电磁式电压互感器停电检测常见危险点及安全控制措施

序号	内容	预防措施
1	作业人员进入作业现场不戴安全帽，不穿绝缘鞋，操作人员未站在绝缘垫上可能会发生人员伤害事故	进入试验现场，试验人员必须正确佩戴安全帽，穿绝缘鞋，操作人员必须站在绝缘垫上
2	作业人员进入作业现场可能会发生走错间隔及与带电设备保持距离不够的情况	开始试验前，负责人应对全体试验人员详细说明试验中的安全注意事项。根据带电设备的电压等级，试验人员应注意保持与带电体的安全距离不应小于《国家电网公司电力安全工作规程（变电部分）》中规定的距离
3	高压试验区不设安全围栏或安全围栏有缺口，会使非试验人员误入试验场地，可能会造成人员触电	试验区应装设专用遮栏或围栏，并形成封闭区域，向外悬挂“止步，高压危险!”标示牌，并有专人监护，严禁非试验人员进入试验场地
4	加压时无人监护，升压过程不呼唱，可能会造成误加压或非试验人员误入试验区，造成触电或设备损坏	试验过程应派专人监护，升压时进行呼唱，试验人员在试验过程中注意力应高度集中，防止异常情况的发生。当出现异常情况时，应立即停止试验，查明原因后，方可继续试验
5	接地不良，可能会造成试验人员伤害和仪器损坏	试验器具的接地端和金属外壳应可靠接地，试验仪器与设备的接线应牢固可靠
6	不断开电源，不挂接地线，可能会对试验人员造成伤害	遇到异常情况查找原因、变更接线或试验结束时，应首先将电压回零，然后断开电源侧隔离开关，并在试品和加压设备的输出端充分放电并接地
7	试验设备和被试设备因不良气象条件和外绝缘脏污引起外绝缘闪络	高压试验应在天气良好的情况下进行，禁止在湿度大于80%时进行试验，保持设备表面绝缘清洁
8	感应耐压试验时，一次绕组低压端不接地造成低压端损坏	试验前应将一次绕组低压端可靠接地，保证试验人员的安全和被试验设备不损坏
9	感应耐压试验后没有进行一次侧额定电压时的空载电流测量，感应耐压试验可能损坏被试设备	感应耐压试验前后，应各进行一次侧额定电压时的空载电流测量，两次测得值相比不应有明显差别
10	交流耐压试验时电压互感器一、二次绕组分别开路或不接地而产生高压损坏被试设备	交流耐压试验前应将电压互感器一次绕组短接，二次绕组短路接地
11	变比试验时将变比电桥一、二次侧电压线接反可能会损坏变比电桥	变比试验时将变比电桥一、二次侧电压线不得接反

续表

序号	内容	预防措施
12	在电压互感器二次回路拆线后恢复时接线错误导致事故发生	在电压互感器二次回路箱内拆线时应做好标记，以谁拆谁恢复的原则恢复接线
13	试验完成后没有恢复设备原来状态导致事故发生	试验结束后，恢复被试设备原来状态，进行检查和清理现场

三、绝缘电阻检测

测试电压互感器绝缘电阻的方法和电流互感器一致；对一次绕组，试验电压选择 2500V，待读数稳定或者读取加压至 60s 时绝缘电阻值，要求一次绕组绝缘电阻值不低于 1000MΩ，初值差不超过 50%。

测试二次绕组间及对地绝缘电阻时，试验电压选择 1000V，待读数稳定或者读取加压至 60s 时绝缘电阻值，例行试验时要求二次绕组绝缘电阻值不低于 10MΩ，交接试验时要求绝缘电阻值不低于 1000MΩ。

四、绕组直流电阻检测

测试电压互感器绕组直流电阻的方法和电流互感器一致。根据规程要求，一次绕组直流电阻测量值，与换算到同一温度下的出厂值比较，相差不宜大于 10%；二次绕组直流电阻测量值，与换算到同一温度下的出厂值比较，相差不宜大于 15%。

五、电压比、极性检查

通过绕组电压比及极性检查试验，可以判断绕组匝数比以及极性的正确性，检查是否存在匝间短路等情况。本试验使用的仪器为变比测试仪(带极性判断功能)。

测试时，首先将被试电压互感器外壳及仪器接地端子可靠接地，将一、二次绕组的外接连线拆除隔离清楚，将电压互感器一次绕组的首端 A 与变比测试仪对应的 A 端子连接，将电压互感器一次绕组末端 N 与变比测试仪的 N 接线端子相连；将被测二次绕组（以 1a，1n 绕组为例）的 1a 端子与变比测试仪的 a 接线端子相连，1n 端子与变比测试仪的 n 接线端子相连。接通电源，打开变比测试仪，选择单相测量并输入额定变比，开始检测，测试结果需符合设计要求，与铭牌和端子标志相符，此检测方法可对电压比进行验证。若在对核心部件或主体进行解体性检修之后，或需要确认电压比时，可在一次侧施加 80%～100%额定电压值，测量二次侧电压，以确认设备的电压比。

注意事项：

（1）试验前、试验过程中更改接线以及试验结束后，均需对别试电压互感器充分进行放电并接地。

（2）一次绕组加压，二次绕组测量电压试验时，电压互感器一次末端接地，二次连接的设备应断开，电压加在电压互感器一次首端上，在二次端子读取电压，非测量绕组需开路，并一点接地。

（3）升压必须从零（或接近于零）开始，切不可冲击合闸。升压速度应均匀升压。试验后，迅速均匀降压到零（或接近于零），然后切断电源。

六、励磁特性曲线校核

电压互感器励磁特性曲线试验的目的主要是检查互感器铁芯质量，通过磁化曲线的饱和程度判断互感器有无匝间短路，励磁特性曲线能灵敏地反映互感器铁芯、线圈等状况。电磁式电压互感器励磁特性测量的设备通常使用励磁特性测量成套设备、互感器综合特性测试仪或使用调压设备、电压表、电流表来进行检测。

测试前，首先将被试电压互感器外壳及仪器接地端子可靠接地，将一、二次绕组的外接连线拆除隔离清楚，进行电压互感器进行励磁特性和励磁曲线试验时，一次绕组、二次绕组及辅助绕组均开路，非加压绕组同名端接地，特别是一次绕组尾端应注意接地，铁芯及外壳接地；二次绕组加压，加压绕组尾端一般不接地。

根据电压互感器最大容量计算出其被试绕组的最大允许电流。若采用互感器综合测试仪或者励磁特性测量成套设备进行检测时，可在仪器上根据规程要求输入数据检测点电压值，合上电源开始测量后，仪器会直接记录该电压值时的电流值。若通过调压器及电流电压表进行检测时，将电流表串接在被测绕组上，电压表并联接在该绕组两端，合上电源后从零开始逐步升压，根据规程要求逐步升压至所要求的电压值，依次记录下各个电压值时的电流值。注意此种测试方法中，调节调压器要从零位开始缓慢升压，注意试验电流不超过电压互感器最大允许电流。读取电流完成后立即降压，电压降至零位后切断电源，将被试品放电接地。

用于励磁曲线测量的仪表为方均根值表，一般情况下，励磁曲线测量点为额定电压的20%、50%、80%、100%和120%，对于中性点直接接地的电压互感器（N端接地），最高测量点为额定电压的190%。

对于额定电压测量点（100%），励磁电流偏差不宜大于其出厂试验报告和型式试验报告的测量值的30%，同批同型号、同规格电压互感器此点的励磁电流不宜相差30%；励磁特性曲线与制造厂提供的特性曲线相比应无明显差异。否则就说明所使用的材料、工艺甚至设计和制造发生了较大变动以及互感器在运输、安装、运行中发生故障。如果励磁电流偏差太大，特别是成倍偏大，就要考虑是否有匝间绝缘损坏、铁芯片间短路或者是铁芯松动的可能。

注意事项：

（1）试验时，电压加在二次端子上，升压必须从零开始，切不可冲击合闸。试验结束后，迅速均匀降压到零，然后切断电源。

（2）电磁式电压互感器的N端应接地，其余二次绕组应开路，且同名端应接地。

（3）电压互感器施加电流不超过其二次额定容量，在任何试验电压下电流均不能超过其最大允许电流。

（4）试验过程中如发现表计的选择挡位不合适需要换挡位时，应缓慢降下电压，切断电源再换档，以免剩磁影响试验结果。

（5）电压升到最高试验电压并读取数据后，应立即降压。

（6）对二次绕组加压时，在一次绕组上将产生远大于额定电压的高压，试验人员要与一次端保持足够的安全距离，且试验完成后需对高压端及设备周围其他设备进行充分放电，以免残余电荷及感应电对人身造成伤害。

七、交流耐压试验

通过交流耐压试验，可以考察电压互感器的绝缘状况。电压互感器分为全绝缘电压互感器和分级绝缘电压互感器，一次绕组的交流耐压试验根据电压互感器的绝缘结构不同而有所不同。对于全绝缘的电压互感器可以采用外施工频耐压法进行交流耐压试验，而对于分级绝缘的电压互感器，因为其 N 端绝缘水平较低，只能进行通过感应耐压进行试验。通过感应耐压，还可考察电压互感器的纵绝缘，因此若需考察全绝缘电压互感器的纵绝缘时，也可对其进行感应耐压试验。当试验电压较高时，为了避免铁芯饱和而损坏被试电压互感器，必须提高励磁电压的频率，现场试验常采用三倍频电源进行试验。

测试前，首先保证被试电压互感器外壳及仪器接地端子可靠接地，对电压互感器充分放电并接地后，将一、二次绕组的外接连线拆除隔离清楚。

对于全绝缘电压互感器的外施交流耐压试验，与电流互感器试验方法一致。

对分级绝缘电压互感器进行感应耐压时，将三相对称电源接至三倍频电源发生器的输入端，三倍频发生器电源输出的三倍频电源经调压器后加至被试电压互感器的某一个二次绕组上，一般均选用基本绕组 an 两端，电压的测量可以在任一个二次绕组两端上，但应注意选择在哪个二次绕组上测量，电压表的读数就应该按那一个二次绕组对一次绕组的变压比来计算试验电压。进行感应耐压时，还需要适当考虑容升现象。3 倍频进行感应耐压时，加压时间为 40s。

试验结果的判别方式及注意事项与电流互感器一致，三倍频感应耐压时，因实际加压时间较短，当时间达到要求值后要尽快将电压降为零。

八、局部放电检测

电压互感器局部放电检测原理和电流互感器一致，若试品接地端可断开，也可将检测阻抗和被试品串联直接取得局部放电信号，检测原理图如图 3-4 所示。

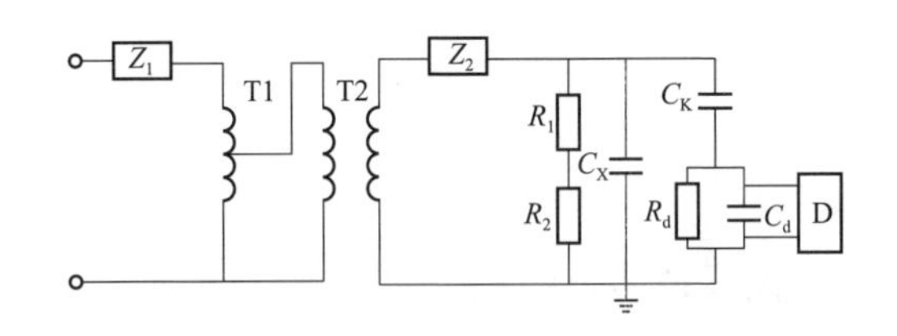

图 3-4　外施电压法局部放电检测原理图

局部放电检测时，一次绕组端子与地之间的试验电压可以用外施电压，也可以由二次绕组感应产生，由二次绕组感应产生时需要考虑容升现象。局部放电试验时预加电压较高，会使得铁芯深度饱和，引起匝间热击穿等现象，因此，局部放电试验一般采用倍频电源。对于相对相的电压互感器的局部放电检测与相对地电压互感器一样，但两个高压端子轮流施加电压，共进行两次试验，当一个高压端子加压时，另一个高压端子应接到低压端子上。

开始试验时，按照规程要求步骤进行加压，在测试电压幅值为 $1.2U_m/\sqrt{3}$ 时，要求局部放电量不超过 50pC，测试时需要记录局部放电的起始电压和熄灭电压。

任务五　柜内避雷器停电检测项目

【任务描述】

本任务主要讲解开关柜中避雷器相关的停电试验项目。通过对避雷器相关试验项目的详细分析，熟悉避雷器停电试验项目具体实施的方法，掌握每次测试结果的分析及判断。

【知识要点】

目前，开关柜内的避雷器基本为无间隙金属氧化物避雷器，无间隙金属氧化物避雷器停电检测项目主要包括：绝缘电阻检测，测量直流 1mA（U_{1mA}）电压及 $0.75U_{1mA}$ 下的泄漏电流，检查在线监测仪及放电计数器的动作情况，工频参考电流下的工频参考电压。

【技能要领】

一、检测使用的仪器仪表及设备

为满足对无间隙金属氧化物避雷器停电检测的需要，需提前准备表 3-8 中所列各仪器仪表及设备，同时必须保证所有设备状态良好且在检测有效期内。

表 3-8　无间隙金属氧化物避雷器停电检测使用仪器仪表及设备清单

序号	名称	单位	数量	备注
1	温、湿度表	只	1	
2	绝缘电阻表	套	1	
3	高压直流试验装置	套	1	
4	高压电阻分压器	只	1	准确度要求：0.5
5	放电计数器测试仪	套	1	
6	交流耐压成套装置	套	1	
7	MOA 阻性电流测试仪	台	1	

二、检测过程中危险点分析与安全控制措施

在对无间隙金属氧化物避雷器进行停电检测过程中会存在各类危险点，检测前需针对各次检测所做的试验项目，找出可能存在的危险点并做出相应的安全控制措施，检测过程中常见的危险点及安全控制措施如表 3-9 所示。

表 3-9 无间隙金属氧化物避雷器停电检测常见危险点及安全控制措施

序号	内容	预防措施
1	作业人员进入作业现场不戴安全帽，不穿绝缘鞋，操作人员未站在绝缘垫上可能会发生人员伤害事故	进入试验现场，试验人员必须正确佩戴安全帽，穿绝缘鞋，操作人员必须站在绝缘垫上
2	作业人员进入作业现场可能会发生走错间隔及与带电设备保持距离不够情况	开始试验前，负责人应对全体试验人员详细说明试验中的安全注意事项。根据带电设备的电压等级，试验人员应注意保持与带电体的安全距离不应小于《国家电网公司电力安全工作规程（变电部分）》规定的距离
3	高压试验区不设安全围栏或安全围栏有缺口，会使非试验人员误入试验场地，可能会造成人员触电	试验区应装设专用遮栏或围栏，向外悬挂“止步，高压危险!”的标示牌，并有专人监护，严禁非试验人员进入试验场地
4	加压时无人监护，升压过程不呼唱，可能会造成误加压或非试验人员误入试验区，造成触电或设备损坏	试验过程应派专人监护，升压时进行呼唱，试验人员在试验过程中注意力应高度集中，防止异常情况的发生。当出现异常情况时，应立即停止试验，查明原因后，方可继续试验
5	接地不良，可能会造成试验人员伤害和仪器损坏	试验器具的接地端和金属外壳应可靠接地，试验仪器与设备的接线应牢固可靠
6	不断开电源，不挂接地线，可能会对试验人员造成伤害	遇到异常情况查找原因、变更接线或试验结束时，应首先将电压回零，然后断开电源侧刀闸，并在试品和加压设备的输出端充分放电并接地
7	试验设备和被试设备应不良气象条件和外绝缘脏污引起外绝缘闪络	高压试验应在天气良好的情况下进行，禁止在湿度大于80%时进行试验，保持设备表面绝缘清洁
8	进行绝缘电阻测量和高压直流试验后不对试品充分放电，会发生电击	为保证人身和设备安全，在进行绝缘电阻测量和高压直流试验后应对试品充分放电
9	不采取预防感应电触电措施，可能会对设备及人员造成伤害	在试验接线和拆线时应采取必要的防止感应电触电措施，防止感应电伤人
10	试验结束后未在相邻未投运的电容量较大设备接地放电，可能会对人员造成伤害	相邻未投运的电容量较大设备应接地放电
11	试验完成后没有恢复设备原来状态导致事故发生	试验结束后，恢复被试设备原来状态，进行检查和清理现场

三、绝缘电阻检测

金属氧化物避雷器由金属氧化物阀片串联组成，没有火花间隙与并联电阻。通过测量其绝缘电阻，可以发现内部受潮及瓷质裂纹等缺陷。测试时，将避雷器一次引线拆除，接至绝缘电阻表“L”端，另一端保证可靠接地，试验电压为2500V，35kV及以下要求绝缘电阻值不低于1000MΩ，同时与初值比较应无明显差别。

有绝缘底座的避雷器，还需要对绝缘底座进行绝缘电阻检测，试验电压为2500V，绝缘电阻值要求不低于100MΩ。部分进口的金属氧化物避雷器厂家对绝缘电阻有专门的要求，此种情况按照厂家要求标准执行。

四、在直流1mA(U_{1mA})电压及0.75U_{1mA}下的泄漏电流检测

将避雷器的高压端通过微安表接至直流高压发生器上，并通过电阻分压器及电压表监视所施加的电压值。开始试验后，逐渐升高电压，至微安表的示数达到1mA，记录此时施加在避雷器上的电压即为U_{1mA}，记录下此数据后，将电压降至0，然后升压至0.75U_{1mA}，记录下此时的泄漏电流值。

直流1mA电压（U_{1mA}）实测值与初始值或出厂值比较，变化不应大于±5%，0.75U_{1mA}下的泄漏电流不应大于50μA，且与初值相差不大于30%。若U_{1mA}电压下降或者0.75U_{1mA}下的泄漏电流明显增大，就可能是避雷器阀片受潮老化或者是外绝缘有裂纹或者破损，避雷器直流参考电流不一定为1mA，根据避雷器型号结构确定。

泄漏电流测试线应使用屏蔽线，测试线与避雷器夹角应尽量大。测量时为了防止表面泄漏的影响，应将外表面擦净或加屏蔽措施。同时还要注意气候的影响，必要时可换算到同一温度后再行比较。由于该试验所施加的电压为直流高压，因此在试验结束后和更改接线的过程中要注意充分放电，对于被试避雷器周围的非接地导电部分也要充分进行放电，防止残余电荷对人身造成伤害。

五、检查在线监测仪及放电计数器的动作情况

放电计数器在运行中出现的主要问题是密封不良和受潮，严重时甚至会出现内部元件锈蚀的情况。在对避雷器进行试验时，应检查放电计数器

内部有无水气、水珠，元件有无锈蚀，密封橡皮垫圈的安装有无开胶等情况。

为了检查放电计数器动作是否正常，用冲击电流发生器给计数器加一个幅值大于100A的冲击电流，看其是否动作；测试后需记录下此时避雷器计数器的指示动作次数，以便巡视时进行对照。对于装有在线监测仪的，应按照监测仪指示的数值输入电流，看在线监测仪的电流示数是否和输入的电流一致。

六、工频参考电流下的工频参考电压检测

诊断避雷器内部电阻阀片是否存在老化时进行本项目，试验方法和普通的交流耐压试验一致。在试验时在避雷器低压侧和地之间串入一个MOA阻性电流测试仪，接通试验电源，开始升压进行试验，升压过程中应密切监视阻性电流峰值检测数据。当阻性电流峰值升至试品的工频参考电流值时，停止升压，迅速读取并记录试验电压，即工频参考电压。与初值比较，该值不应有明显变化。

由于试验电压对避雷器而言相对较高（超过额定电压），故在达到工频参考电流时应缩短加压时间，迅速读取工频参考电压值，之后立即降压，施加工频电压的时间应严格控制在10s以内，避免避雷器长时间承受工频参考电压。

试验结束后应对试品充分放电方可接触，避免金属氧化锌避雷器的残存电荷伤人。在升压过程中，如发现阻性电流测试仪检测电流值上下跳动，调压器往上升方向调节，电流甚至有下降趋势，应立即停止升压，降压、停电后查明原因，确定是否存在局部放电现象。若被试品冒烟、闪络、燃烧或发出击穿响声（或断续放电声），应立即停止升压，降压、停电后查明原因。这些现象如查明是绝缘部分出现的，则认为被试品试验不合格。如确定被试品的表面闪络是由于空气湿度或表面脏污等所致，应将被试品清洁干燥处理后，再进行试验。

项目四

开关柜检修

【项目描述】

通过学习本项目内容，熟悉开关柜的检修分类、常见故障及其原因，掌握开关柜常见故障的处理方法。

任务一 开关柜检修概述

【任务描述】

本任务主要介绍开关柜检修的分类、工作流程、检修方法等。

【知识要点】

一、开关柜的检修分类及检修工作流程

开关柜常见故障有机械故障、绝缘故障、二次元器件故障及运行环境改变等因素导致的故障。针对这些故障，运维检修人员要及时进行处理，按工作性质内容及工作涉及范围，一般将检修工作分为A类检修、B类检修、C类检修、D类检修。其中A、B、C类是停电检修，D类是不停电检修。

1. D类检修

D类检修指在不停电状态下进行的带电测试、外观检查和维修。D类检修的检修周期应依据设备运行工况，及时安排，保证设备正常功能。开关柜D类检修工作流程如图4-1所示。

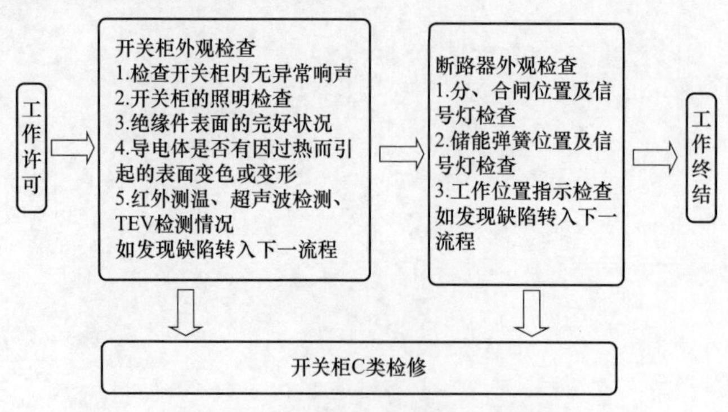

图4-1 开关柜D类检修工作流程

2. C 类检修

C 类检修指常规性检查、维护和试验。C 类检修的基准周期：35kV 及以下 4 年；可依据设备状态、地域环境、电网结构等特点，在基准周期的基础上酌情延长或缩短检修周期，调整后的检修周期一般不小于 1 年，也不大于基准周期的 2 倍；对于未开展带电检测设备，检修周期不大于基准周期的 1.4 倍；未开展带电检测老旧设备（大于 20 年运龄），检修周期不大于基准周期；对核心部件或主体进行解体性检修后重新投运的设备，可参照新设备要求执行；现场备用设备应视同运行设备进行检修；备用设备投运前应进行检修。符合以下各项条件的设备，检修可以在周期调整后的基础上最多延迟 1 年：

（1）巡视中未见可能危及该设备安全运行的任何异常；

（2）带电检测显示设备状态良好；

（3）上次试验与其前次（或交接）试验结果相比无明显差异；

（4）没有任何可能危及设备安全运行的家族缺陷；

（5）上次检修以来，没有经受严重的不良工况。

开关柜 C 类检修工作流程如图 4-2 所示。

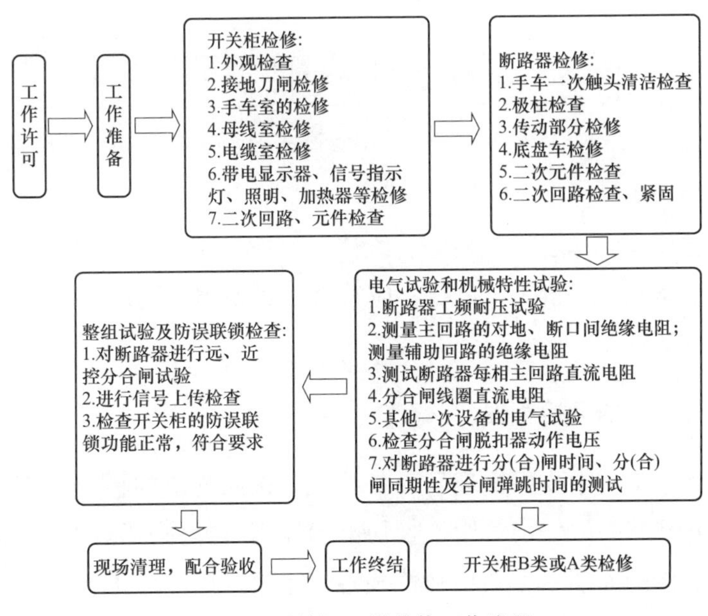

图 4-2 开关柜 C 类检修工作流程

3. B 类检修

B类检修指局部性的检修，部件的解体检查、维修、更换和试验。B类检修的检修周期应按照设备状态评价决策进行，应符合厂家说明书要求。开关柜B类检修工作流程如图4-3所示。

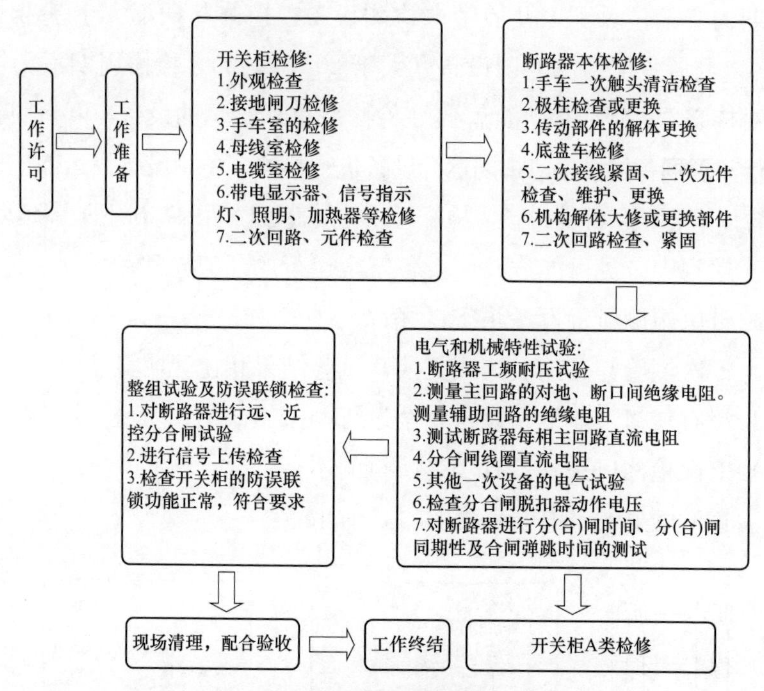

图4-3 开关柜B类检修工作流程

4. A 类检修

A类检修指整体解体性检查、维修、更换和试验。A类检修的检修周期应按照设备状态评价决策进行，应符合厂家说明书要求。开关柜A类检修工作流程如图4-4所示。

二、开关柜的运检管理

日常运检工作中要根据现场设备状况，按照规定的检修周期加强开关柜巡视检查和状态评估，对用于投切电容器组等操作频繁的开关柜要适当缩短巡检和维护周期。当无功补偿装置容量增大时，应进行断路器容性电流开合能力校核试验。

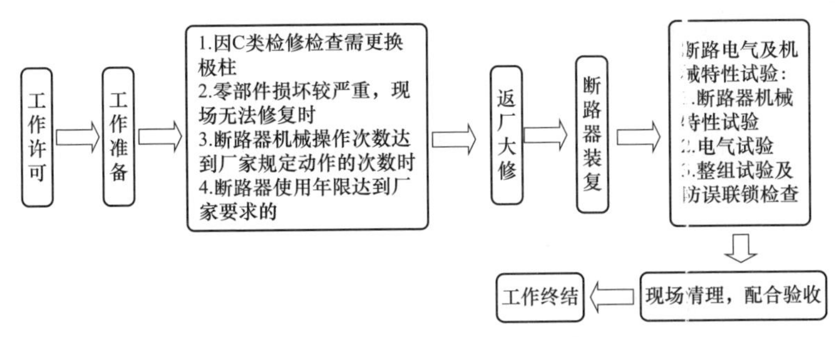

图 4-4 开关柜 A 类检修工作流程

【技能要领】

一、开关柜查找故障的一般方法

中医对疾病诊断讲究“望闻问切”，与此类似，开关柜查找故障的一般方法如下：

（1）问——问问运维人员缺陷的现象、曾经出现过的类似缺陷、处理的经过。

（2）看——观察故障的现象。

（3）闻——闻闻是否有绝缘破坏烧焦的异味。

（4）听——听听是否异常的声音。

（5）摸——摸摸是否有异常发热的情况。

（6）拽——检查端子排二次线是否松动。

开关柜故障查找的原则：

（1）不轻易出手，应先仔细观察现象再出手。

（2）先动口再动手。

（3）先外部后内部。

（4）先机械后电气。

（5）先静态后动态。

（6）先普遍后特殊。

二、高压开关柜故障处理注意事项

（1）对高压开关柜进行故障处理时，要尽量避免带电检查，部分工作可带电检查时应做好必要的防范措施。

（2）必须正确地判断故障位置后才能进行处理，不可盲目地乱拆乱动。

（3）不允许将真空断路器当作踏脚平台，也不许把东西放在真空断路器上面。

（4）不要用湿手、脏手触摸真空断路器。

（5）更换故障部件时应先做好标记，防止更换位置和接线错误。

（6）使用表计和仪器检查时，要注意检查开关的状态。

（7）故障处理工作结束后，一定要查清有无遗漏的工具和器材。

任务二　断路器拒合故障检修

【任务描述】

本任务主要介绍断路器拒合故障的现象、原因、处理方法。要求学员能熟练安全地处理开关柜拒合故障。

【知识要点】

一、断路器拒合的描述

断路器拒合是指断路器在继电保护及安全自动装置动作或在操作过程中合闸操作指令发出后，断路器未合闸。对于此类故障，运维人员一般报："某开关保护动作开关跳闸，重合闸动作，开关未能合闸""某开关无法遥控合闸"等缺陷。

二、断路器拒合的可能原因

（1）合闸回路无电压。

（2）合闸回路桥整流器烧毁。

（3）合闸线圈断线、短路。

（4）合闸铁芯卡涩。

(5) 合闸回路储能微动开关接点接触不良或切换不到位。

(6) 合闸闭锁线圈接点接触不良或铁芯卡涩。

(7) 断路器辅助开关接点接触不良或切换不到位。

(8) 闭锁回路故障。

(9) 储能系统故障。

(10) 断路器小车未操作到位，机构闭锁未解除。

(11) 合闸缓冲间隙过小，造成未合到位就分闸。

三、断路器拒合原因的分析

当运行断路器发生拒合时，应先将断路器改为冷备用，然后再检查断路器手动合闸是否也拒合（若改为开关检修，手动合闸时需解除合闸闭锁线圈的机械闭锁），若手动拒合，可根据以下现象进一步判断故障原因：

(1) 若闭锁线圈不吸合，拒合的可能原因有闭锁线圈断路或短路，闭锁回路整流桥断路，辅助开关损坏等。

(2) 若控制电源开关一合闸就跳闸，拒合的可能原因为闭锁回路整流桥击穿。

(3) 若合闸脱扣装置不动作，拒合的可能原因有小车未操作到位，机械闭锁未解除。

(4) 扣接量太小。

若手动合闸完好，可根据以下现象进一步判断故障原因：

(1) 若断路器具备合闸条件（已储能、闭锁完好），转换开关合闸时，断路器无反应，拒合的可能原因有辅助开关损坏、合闸线圈断路、合闸回路辅助开关损坏、合闸回路整流桥断路、储能微动开关未切换、合闸回路二次线存在松动、合闸铁芯卡涩等。

(2) 若断路器具备合闸条件（已储能、闭锁完好），转换开关合闸时，控制电源空开跳闸，拒合的可能原因有合闸线圈短路；合闸回路整流桥击穿；二次回路存在短路。

【技能要领】

一、断路器拒合的处理方法

对于投运年限已久的断路器，除了电气故障原因外，机构卡涩也是一个重要原因。在日常检修工作中，要重视机构的润滑维护工作。在处理拒合故障，要做好安全措施，防止储能机构弹簧伤人。

二、断路器拒合的常规处理流程

断路器拒合的常规处理流程如图 4-5 所示。

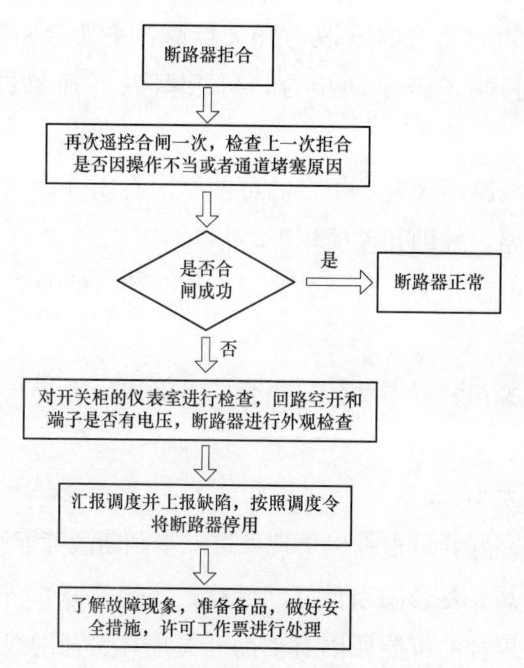

图 4-5　断路器拒合的常规处理流程

【典型案例一】

1. 案例描述

某变电站断路器发生合闸即跳闸故障。运维人员将该断路器改至检修

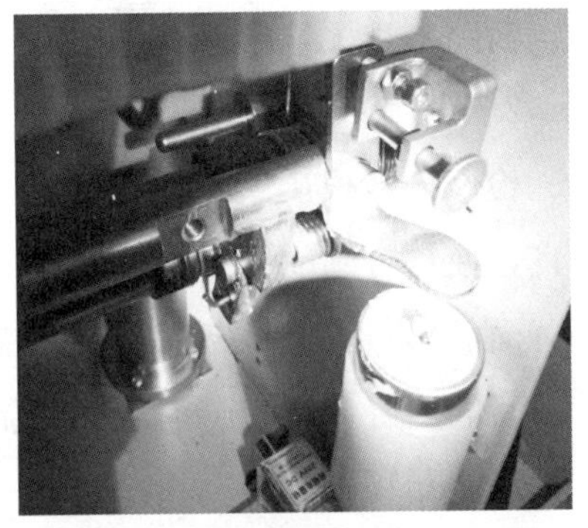
图 4-6　合闸保持半轴螺栓松动

状态，检修人员现场检查发现继电保护无相关动作信号，电动合闸即跳闸，手动合闸也不成功，检查发现合闸保持半轴螺栓松动，如图 4-6 所示。

2. 原因分析

故障原因为合闸保持扣接半轴处调整螺丝及分闸板固定螺丝松动，引起半轴位置变位导致扣接深度不足，最终发生合闸即跳闸故障。经检查分析导致螺丝松动的直接原因为螺杆、弹垫材质问题。如图 4-7 所示，现场检查还发现断路器其他部位也出现螺丝松动，全部更换弹垫后，断路器恢复正常。

图 4-7　其他部位弹垫问题

3. 防控措施

加强设备投运前验收质量关，重视螺杆螺丝及弹垫的材质，在螺杆涂抹厌氧胶，注意弹垫或螺帽的安装工艺。

【典型案例二】

1. 案例描述

某变电站一台 10kV 馈线断路器拒合。在执行合闸操作过程中，用 KK 开关合闸，但合不了。将该断路器操作至“试验位置”，手动操作合闸按钮，断路器也无法合闸。

2. 原因分析

检修人员拔出航空插头，发现插头内部多个插针歪斜松动，造成接触不良，使得合闸闭锁线圈不得电，合闸回路不通，断路器拒合。将航空插座背面的塑料卡槽挑起。取下后盖板，更换了歪斜松动的插针卡套，把插针重新固定好后，再将航空插头插上，用 KK 开关和开关柜的合闸按钮均能使断路器顺利合闸。

3. 防控措施

加强设备投运验收关，督促厂家重视产品质量问题，此外运维检修人员要正确拔插航空插，避免插针松动脱落。

【典型案例三】

1. 案例描述

某 110kV 变电站一台 10kV 馈线开关无法合闸。故障现象如下：当断路器手车在试验位置，断路器处于分闸状态时，“试验位置”红灯亮和“分闸指示”绿灯也亮；当操作人员将手车摇至工作位置时，“工作位置”红灯亮，但“分闸指示”绿灯不亮。此外，当小车处在工作位置时，手动和电动都不能使断路器合闸，而将小车摇至试验位置时，手动和电动均能合闸。

2. 原因分析

查阅断路器的电气控制接线图，只有在合闸闭锁电磁铁得电动作，合闸回路才能接通，而当手车在工作位置时，合闸闭锁线圈回路是靠位置行程开关接点来接通的，问题出在位于断路器底部小车中位置行程开关没有接通上。拆开小车底盘，调整行程开关位置。重新安装好后小车摇至工作位置，断路器能顺利合闸。

3. 防控措施

加强设备投运验收关，督促厂家重视产品质量问题，此外断路器底部手车中位置行程开关要多次调试无异常再投运。

任务三　断路器拒分故障检修

【任务描述】

本任务主要介绍断路器拒分的原因、处理方法。要求学员能熟练安全地处理断路器拒分故障。

【知识要点】

一、断路器拒分的定义

断路器拒分是指断路器在继电保护及安全自动装置动作或在操作过程中分闸操作指令发出后，断路器未分闸。运行中的断路器拒分对电网安全运行威胁很大。一旦某台断路器或某条线路发生故障，断路器拒分，将会造成上一级断路器跳闸，俗称越级跳闸，有时甚至造成系统解列，扩大事故范围。

二、断路器拒分的可能原因

（1）分闸回路无电压；

（2）分闸回路桥整流器烧毁；

（3）分闸线圈断线、匝间短路、短路；

（4）辅助触点接触不良或切换不到位；

（5）机构卡涩。

三、断路器拒分故障分析处理技巧

运行断路器发生拒分故障可能有机械原因或者电气原因。机械原因可能有脱扣弯板变形或者脱扣弯板与分闸电磁铁铁芯间距离太大，此时需要更换脱扣弯板，或者调整脱扣弯板与分闸电磁铁铁芯间距离。若手动分闸正常，那么剩下的电气原因呈现多样化，可根据现象进一步判断：

(1) 若断路器在合闸位置，转换开关分闸时，断路器无反应，拒分的可能原因有分闸线圈断路、分闸回路整流桥断路、分闸回路辅助开关损坏等原因。

(2) 若断路器在合闸位置，转换开关分闸时，控制电源空气开关跳闸，拒分的可能原因有分闸线圈短路、分闸回路整流桥击穿等原因。

【技能要领】

一、断路器拒分故障的处理方法

检查控制电源确有电压，断路器若仍出现遥控拒分，可借助远程控制的紧急分闸辅助装置尝试机械分闸，远程控制可以确保人身安全，紧急分闸辅助装置操作分闸操作按钮的力度要事先调试好。若紧急分闸辅助装置无效果，则需临时停母线进行处理。为了人身安全，应避免母线带电手动分闸操作。

二、断路器拒分并越级跳闸的常规处理流程

断路器拒分并越级跳闸处理比较麻烦，常规处理流程如图 4-8 所示。

【典型案例】

1. 案例描述

因雷雨原因，某变电站山安 3642 线、山望 3643 线线路保护动作，山望 3643 线线路断路器事故分闸，山安 3642 线线路开关拒分，35kV 母线分段断路器事故分闸、2 号主变压器 35kV 断路器事故分闸。

2. 原因分析

运维人员发现山安 3642 线保护电源空气开关跳闸（保护装置与控制电源共用），重新合上后，在控制屏分闸山安 3642 线断路器时，操作失败，空气开关再次跳开。检修人员检查了山安 3642 线保护的操作板板件完好，保护回路无异常。检修人员初步判定为断路器机构卡涩或者跳闸线圈损坏。打开断路器机构发现有焦味，目测跳闸线圈有烧焦痕迹，测量线圈阻抗为 0.2Ω（正常应为 250Ω 左右）。

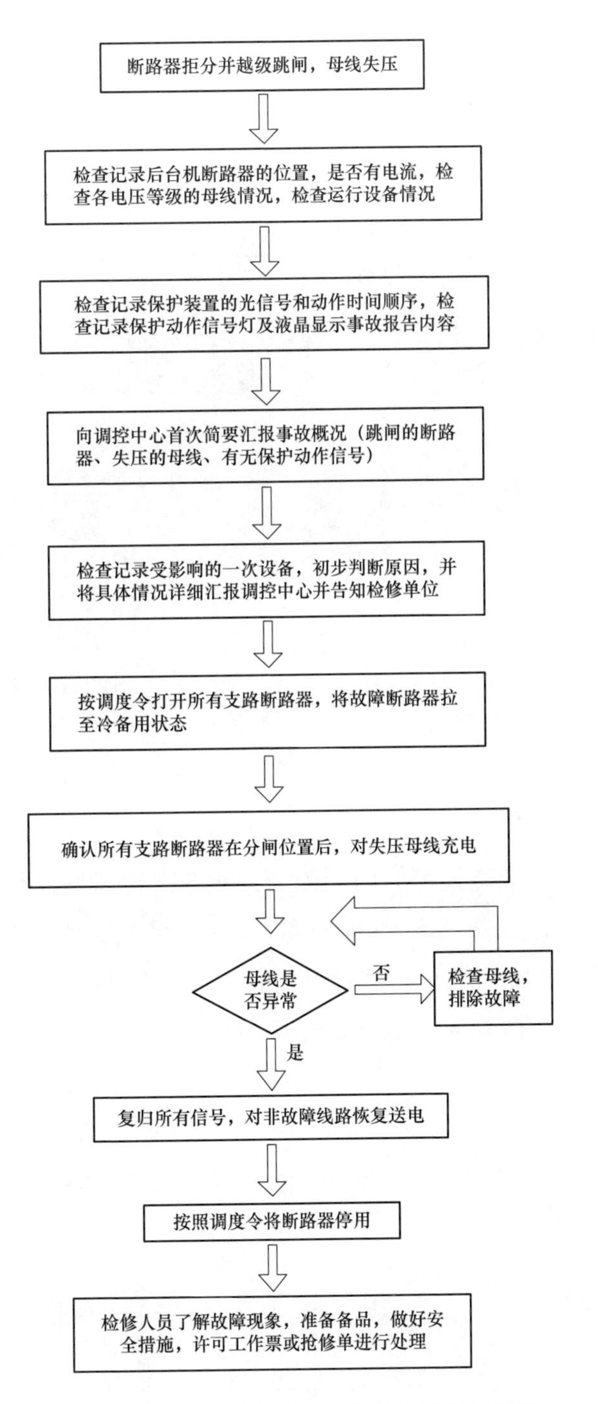

图 4-8 断路器拒分并越级跳闸的常规处理流程

此次故障的山安 3642 线 35kV 断路器型号为 ZN12-40.5，现场手动分闸成功，初步检查断路器机械部分无异常，检修人员对故障断路器更换分闸线圈，更换前后的照片分别如图 4-9 和图 4-10 所示。

图 4-9　分闸线圈更换前（烧毁）

图 4-10　分闸线圈更换后

故本次越级跳闸的原因为山安 3642 线分闸线圈烧毁从而导致断路器拒分，故障无法切除，越级跳 35kV 母线分段断路器、2 号主变压器 35kV 断路器。

3. 预控措施

考虑到分闸线圈烧毁可能的原因有：线圈老化、操作机构卡涩、安装位置松动等，进行山安 3642 线断路器、35kV 母线分段断路器、2 号主变压器 35kV 断路器特性试验和机构润滑维护，防止机构卡涩导致线圈烧毁。要严格按照开关柜的检修周期进行开关柜检修工作，对于有历史故障或多次故障的开关柜，要适当缩短检修周期。

任务四　弹簧储能故障检修

【任务描述】

本任务主要介绍弹簧储能故障告警的缺陷、产生该缺陷的可能原因以及处理方法和注意事项。要求学员能熟练安全地处理弹簧储能故障。

【知识要点】

一、弹簧储能故障的缺陷

运维人员经常上报的缺陷如下：

（1）开关弹簧未储能、“开关控制回路断线”光字牌亮，现场电机空转，现已临时拉开储能空气开关；

（2）开关弹簧储能空气开关跳闸无法合闸，后台发“弹簧未储能”“保护装置异常”“控制回路断线”光字等。

二、弹簧储能故障的可能原因

（1）电气原因：

1）储能回路无电压或者储能空气开关损坏；

2）桥整流器烧毁；

3）储能辅助开关触点接触不良或切换不到位；

4）储能电机断线、短路；

5）航空插头内储能回路相关的插针接触不良。

（2）机械原因：

1）储能齿轮箱损坏；

2）储能单向轴承磨损或损坏；

3）储能电机固定螺栓松动或者断裂。

三、弹簧储能故障现象及分析技巧

弹簧储能故障一般表现在弹簧不能正常储能到对应位置。此外，开关柜中的储能电机是超负荷短时工作模式，它的启动电流比较大，若储能微动开关触点合金熔点低，在多次通断操作后触点可能会烧熔粘在一起，这将导致储能结束后储能电机无法停止而烧毁。弹簧储能故障的原因很多，可通过表 4-1 快速查找对应的故障原因。

表 4-1　　弹簧储能故障现象及对应的可能原因

故障现象		储能故障的可能原因
电动不能储能，手动可以储能	储能电源开关一合上就跳闸	储能回路整流桥击穿；储能电机短路
	储能电源开关合上后，储能电动机不动作	储能回路整流桥断路；储能电机断路；储能回路微动开关损坏
	储能电机空转，手动储能正常	小链轮内单相轴承失效
电动可以储能，手动不能储能	电动储能正常，手动储能失效	涡轮内单相轴承失效
储能完成后，电动机不停转	储能完成后，电动机不停转	微动开关切换不到位

【技能要领】

一、弹簧未储能告警缺陷的处理方法及注意事项

先观察开关机构内的储能机械指示是已储能还是未储能状态，若实际已储能状态，则该故障很可能是储能微动开关的信号问题；若实际未储能状态，则需从手动储能故障、电动储能故障两方面进一步分析处理未储能问题。依据现场统计数据，弹簧未储能的处理方法一般有储能电机更换、储能微动开关更换、断路器储能弹簧更换、储能空气开关更换等。

1. 更换储能电机的注意事项

（1）断开与断路器相关的各类电源并确认无电压。

（2）拆下的控制回路及电源线头所作标记正确、清晰、牢固，防潮措施可靠。

（3）工作前，操动机构应充分释放所储能量。

2. 储能电机更换的关键工艺质量控制

（1）选用新储能电机与旧储能电机型号一致。

（2）新电动机固定应牢固，电机电源相序接线正确。

（3）直流电机换向器状态良好，工作正常。

（4）电机绝缘电阻符合相关技术标准要求。

（5）电机更换后进行储能试验，储能正常。

如图 4-11 所示，以 VS1 断路器为例，更换储能电机的步骤如下：

（1）确认断路器处于分闸位置，机构储能弹簧处于释放状态，操作电源、储能电源已无电压。用尖嘴钳拆下链条接口，卸下链条；

（2）用 M6 内六角扳手松开 3 个电机固定螺钉及 4 个手动储能部分固定螺钉，断开电机二次线接头；

（3）取出电机部件，更换电机；

（4）重新接好二次线并按上述逆序装好。

图 4-11 VS1 断路器更换储能电机相关部件

1—闭锁线圈二次线；2—M6X25 内六角螺钉；3—M6X50 电机同定螺钉；4—销；5—小链轮部；6—4 个 M6X20 内六角螺钉；7—储能电机

二、储能微动开关更换的注意事项及关键工艺质量控制

1. 注意事项

拆下的控制回路及电源线头所作标记正确、清晰、牢固，防潮措施可靠。

2. 关键工艺质量控制

（1）拆除时记录二次线标号，拆除的二次线用绝缘胶带包好，防止二次线短路。

（2）与旧开关参数一致，开关额定电流及动作值满足要求，并注意级差配合。

（3）安装按旧标号接线，接线牢固可靠。

（4）测试动作正常。

三、断路器储能弹簧更换的注意事项及关键工艺质量控制

1. 注意事项

（1）断开与断路器相关的各类电源并确认无电压。

（2）工作前，操动机构应充分释放所储能量。

2. 关键工艺质量控制

（1）新弹簧表面无锈蚀。

（2）弹簧符合厂家规定。

（3）手动分合闸断路器，机构动作正常。

（4）弹簧更换后，机械特性试验数据符合规程要求。

四、断路器储能空气开关更换的作业步骤

（1）检查确认断路器储能电源空气开关故障。如果空气开关能合上，用万用表交流电压挡测量空气开关上桩头电压应正常，下桩头电压异常，如果上桩头没有电压，检查上级电源。如果空气开关合不上，拆开下桩头接线并一一用胶布包好后，再次合空气开关。如果仍合不上则确认空气开关故障，如果合得上说明回路有短路故障或设备烧坏。上报缺陷由检修人员处理。

（2）断开断路器储能电源空气开关。

（3）检查核对断路器储能电源上级电源空气开关（或熔丝）。如果断开上级电源响到其他设备正常运行，应向调度提出相关申请，并告知监控人员。

（4）断开断路器储能电源空气开关上一级电源空气开关（或熔丝）。

（5）检查断路器储能电源空气开关上桩头确无电压。

（6）调换断路器储能电源空气开关。

（7）依次合上断路器储能电源上级电源、断路器储能电源空气开关，检查断路器储能电源空气开关上下桩头电源正常。

（8）清理现场。空气开关更换后应及时清理，确认作业现场无遗留物。

【典型案例】

1. 案例描述

某新投运变电站出现“开关弹簧未储能”告警，运维人员将该开关改

检修状态，在试验位置，检修人员分合几次断路器，储能情况正常。复役后设备运行正常，几天后又出报“开关弹簧未储能”告警，检修人员多次分合调试，偶尔会出现开关无法储能。

2. 原因分析

对储能回路检查发现航空插头内的储能回路插针弯曲，时而接触不良。断路器航空插头位置如图 4-12 所示，调整插针再进行多次分、合闸操作，此后储能回路均无异常。

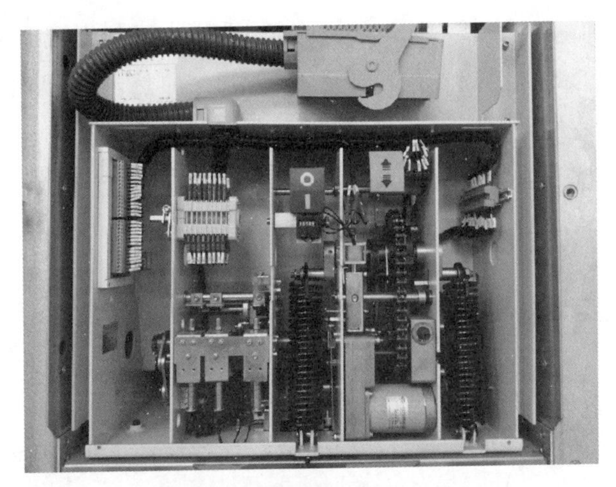

图 4-12　断路器航空插头位置

3. 防控措施

（1）加强投运前设备验收关，要多次进行分合闸调试，严格按照标准要求进行验收。

（2）检修或者操作过程中，若涉及拔插航空插头的操作，应检查插针，对准位置并平衡用力。

任务五　温、湿度控制器故障检修

【任务描述】

本任务主要介绍开关柜温、湿度控制器故障、处理方法及注意事项。

要求学员认识到开关柜温、湿度控制器故障处理不及时的危害，熟练安全地处理该类缺陷。

【知识要点】

一、温、湿度控制器简介

温、湿度控制器的工作原理如下：传感器检测柜内温、湿度环境信息，当柜内的温、湿度达到预先设定的值时，控制器给出继电器信号，加热器或风扇接通电源开始工作进行除湿、加热，一段时间后，当温、湿度值达到合适的范围后，加热器（风扇）退出工作。温、湿度控制器可有效防止因高温造成的设备故障以及低温造成的受潮或凝露引起的爬电、闪络事故。

二、开关柜温、湿度控制器常见故障

开关柜温、湿度控制器常见故障一般包括：开关柜内加热器投入即发告警，“加热器故障”光字牌亮，现场空开在合位；大电流主变压器开关柜顶上散热风机拒动，温、湿度控制器告警灯亮；温、湿度控制器面板显示的温、湿度数据不正常，但相关加热器（风扇）仍能正常工作；温、湿度控制器面板无显示；温、湿度传感器异常；温、湿度控制器面板“运行”灯不亮或者“异常”告警灯亮；加热器（风扇）元件故障等。

三、开关柜温、湿度控制器故障的危害

在实际运行中，因环境温度、湿度过高而引起的开关柜内元部件老化、放电、损坏时有发生，影响了开关柜的安全可靠运行。建议室内环境温度超过5～30℃范围、室内月最大相对湿度超过75%的开关柜配电室配置空调或专用除湿防潮设备，防止凝露导致绝缘事故。若开关柜加热器或温、湿度控制器故障未及时处理，梅雨季节绝缘件湿度大，会出现耐压不合格、放电等异常现象，如图4-13所示。

图 4-13 断路器加热器损坏导致产生的铜绿

【技能要领】

一、故障处理前的准备工作

(1) 根据缺陷类型及部位，决定带电消缺还是停电配合消缺。检修人员要明确消缺作业涉及的范围，查阅相关台账、图纸，掌握开关柜温、湿度控制器的相关回路和基本的装置信息。

(2) 根据消缺项目，组织检修人员学习作业指导卡，使检修人员熟悉作业内容、工艺要求、作业标准、安全注意事项。

(3) 提前准备好所需的工具（万用表）、备品[温湿度控制器、空气开关、加热器（风扇）、连接线、绝缘胶带]、资料（开关柜、温湿度控制仪说明书及图纸）、标记（信号笔、标签纸）、个人防护用品（安全帽、棉质工作服、绝缘鞋、棉质手套）。

(4) 消缺工作应事先准备作业卡，消缺工作应根据现场工作时间和工作内容落实工作票，并掌握危险点与控制措施。

二、危险点预控

(1) 作业前仔细核对工作开关柜的位置、本体及周边设备带电情况，防止误碰有电设备。

（2）鉴于温、湿度控制器加热器元件特性，在进行消缺工作前，必须检查加热器是否烫手，待加热器完全冷却后方可工作，防止烫伤。

（3）规范执行现场安全措施，防止发生误拉其他回路电源空气开关、误碰带电设备造成人身伤害、造成电源回路短路等。

（4）工作过程中，要防止工作人员失去监护，造成触电或误碰、误分合其他装置电源，造成人身伤害或设备损坏。工作负责人严格履行监护职责，控制工作中的危险点，工作班人员在工作负责人或专职监护人的监护下作业。

（5）工作结束后整理好现场的资料、备品，做好现场的卫生清扫工作。

三、消缺步骤与要求

1. 温、湿度控制器面板数据显示异常

（1）断开温、湿度控制器电源后再合上，查看面板显示有无恢复。

（2）检查温、湿度控制仪回路情况，是否存在接触不良情况。

（3）检查温、湿度传感器是否存在异常，如接触不良或表面损毁。

（4）根据检查情况，如回路接触不良，则对相关回路进行紧固，如回路正常，则可能是控制器显示存在问题，更换温、湿度控制器控制面板。更换时要做好相关标记，更换后各回路逐一恢复。

2. 温、湿度控制器电源异常

检查温、湿度控制器面板是否有数据显示，“运行”灯是否亮，如不亮，检查温、湿度控制器电源回路是否正常，检查空气开关两侧的带电情况，确定是负荷侧一段回路异常还是上级电源存在异常。如负荷侧异常，则检查空气开关至控制器之间的回路是否存在接触不良或者断线等情况；如上级电源异常，则排查电源回路。在更换空气开关时应注意空气开关的型号、容量符合要求，并注意拆解线路时做好标记与线路导电裸露部分的包裹。

3. 温、湿度控制器内部故障

装置“异常”灯亮，经断电重启无法恢复，考虑更换控制器。更换时做好相关回路的标记，且注意开关室内的温湿度，应开启室内通风设备。

4. 加热器（风扇）故障

在检查控制器控制面板及回路连接无异常后，应检查加热器（风扇）是否存在异常，如存在异常，在断开相关电源后，对加热器（风扇）进行更换。如加热器（风扇）与带电设备的安全距离不够，需进行停电更换。

四、检修过程中应注意的问题

（1）因加热器运行过程中温度高，要重视加热器引线的质量，防止出现加热器引线老化、变色变脆。此外，要注意加热器位置与开关真空灭弧室位置，防止过近，造成真空灭弧室运行环境温度过高。断路器加热器引线故障及位置不当如图 4-14 所示。

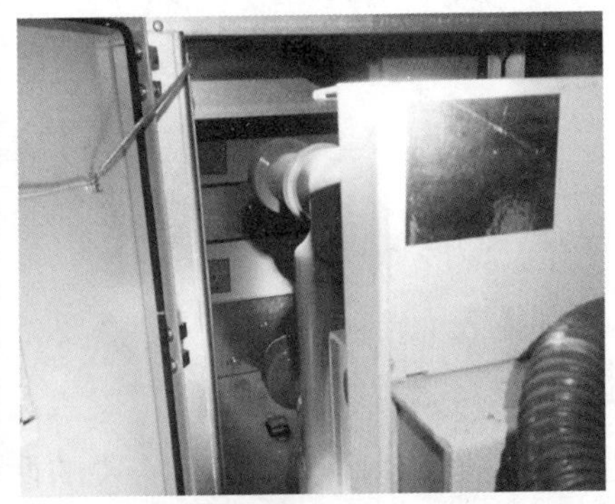

图 4-14 断路器加热器引线故障及位置不当

（2）检修及验收工作要注意加热器与周边设备的距离，防止因距离故障导致设备故障。如图 4-15 所示，避雷器引线过长且与加热器距离过近，在加热器的高温作用下绝缘老化会引起放电。

图 4-15 避雷器引线过长且与加热器距离不当

【典型案例一】

1. 案例描述

某开关触头盒内部有明显水渍，

绝缘件表面产生了凝露，而凝露又导致触头盒表面放电（在长期凝露的环境下，绝缘件表面反复发生水汽凝结—凝露—吸潮，导致绝缘水平下降，在电场环境集中的地方，就更容易发生放电问题）。如图 4-16 所示，开关柜内静触头盒存在放电现象。

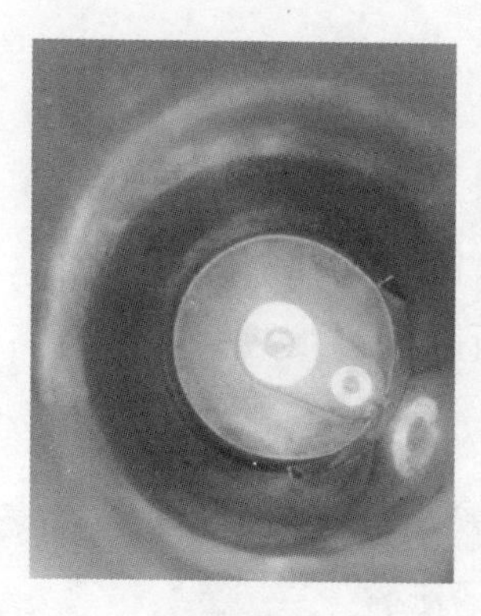
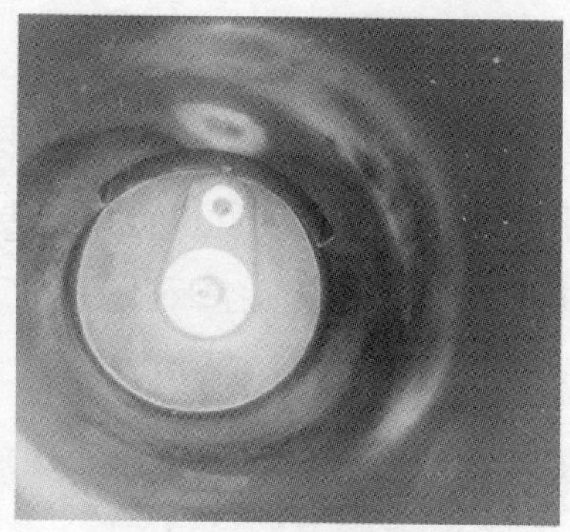

图 4-16 开关柜内静触头盒存在放电现象

2. 原因分析

固体表面产生凝露的两个必要条件是：①空气中一定饱和程度的湿度；②被凝露物体的表面温度低于空气温度。其中两者的关系曲线为空气中的湿度饱和程度越高，凝露所需要的两者温差越小。现场存在潮湿和温差两个因素。现场运行环境潮湿，多雨潮湿的气候环境中，在空气相对湿度越高的环境下，高压带电体相对更容易击穿空气，而发生闪络放电的现象。触头盒放电问题多发生于母联柜、TV 柜、备用出线柜等平时没有负载或负载较小的开关柜，由于一直没有带负载，柜内的一次回路导体并没有通过大电流而发热，相关绝缘件也就并没有明显升温。在昼夜交替的过程中，由于固体绝缘件的热传递系数小于空气，往往容易造成绝缘件表面的温度低于空气温度，产生明显温差。由于大电流柜体使用的搭接铜排尺寸较大，断路器触臂尺寸较粗，其静触头盒内壁与上引母排、断路器手车梅花触头间隙相对偏小，电场场强较强，安全裕度相对有限，于是在极端的环境下，在这些场强较为集中的点，就可能会发生放电现象，大电流柜的结构及场强分布如图 4-17 所示。

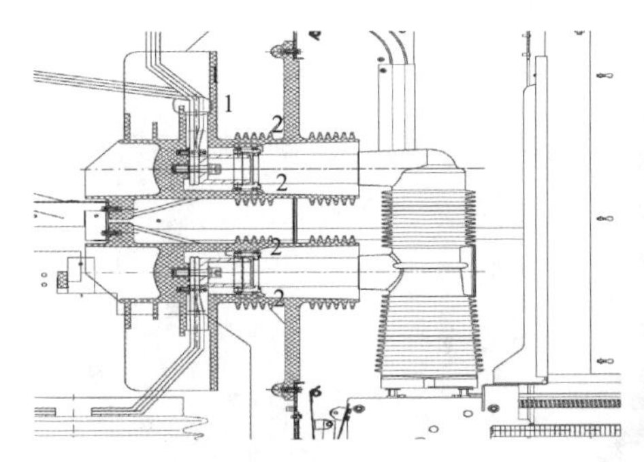

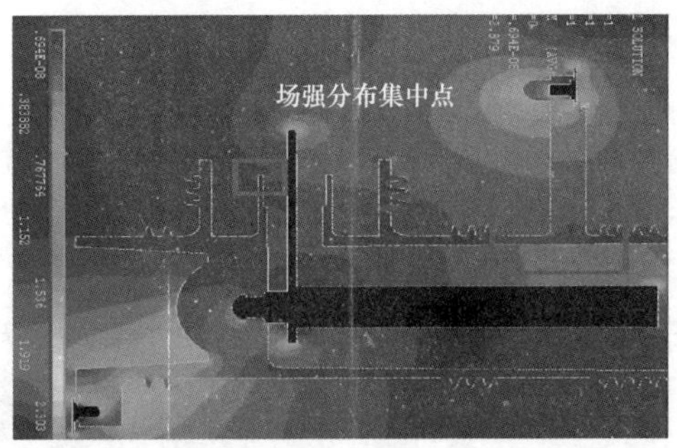

图 4-17 大电流柜的结构及场强分布

综合以上因素，放电点是场强最集中的地方，也是开关柜绝缘相对其他位置薄弱的位置点，开关柜在正常情况下运行不会出现放电现象，这也是早期可以正常通过工频耐压测试及投运的原因。但若长期处于湿度较大的环境，在绝缘件表面产生的细微凝露将造成绝缘下降，加之空气湿度本身较大，则在场强集中的相对薄弱点，会首先发生高压带电体击穿潮湿空气闪络放电的现象，这时开关柜绝缘并未击穿，但长期的空气闪络放电，将对开关柜表面的绝缘造成不良影响，造成绝缘件表面绝缘劣化。

3. 防控措施

(1) 在没有带负载的柜体对加热器选择长投的方式，合理布置加热器的位置，增加柜内温度。

(2) 改善开关室内部的除湿装置，进一步去除环境中的水分。

【典型案例二】

1. 案例描述

某变电站开关柜内绝缘件和柜体表面有明显凝露痕迹且绝缘件表面绝缘材料涂抹极不均匀。闪络点位于 1 号主变压器 35kV 计量电流互感器、保护电流互感器间铜排处，如图 4-18 所示。

35kV 主变压器进线先经进线桥架，然后依次经过手车柜、计量电流互感器、保护电流互感器、断路器，最后进入母线。穿柜套管处柜体表面、绝缘隔板局部有明显电弧飘过痕迹，如图 4-19 所示，且 A、B 相铜排有局部烧熔痕迹。

图 4-18 A 相和 B 相铜排烧蚀痕迹

图 4-19 绝缘隔板电弧痕迹

2. 原因分析

经现场检查，结合保护故障录波分析，故障原因为 1 号主变压器 35kV 手车柜的电流互感器沿面放电，放电原因为绝缘涂料未涂抹均匀，局部漏涂，加剧表面电场畸变；同时绝缘件表面凝露也加剧了 A、B 两相电流互感器上导体表面尖端处电场畸变，造成相间放电，相间短路后，电弧在电场力的作用下漂移，快速发展成 A、B、C 三相短路。

3. 防控措施

（1）加强开关室防凝露措施整治，如加热器手动投入、进风口和排风口封堵、配置空调和除湿装置等。

（2）严格按照验收标准开展检修后验收。

（3）加强隐患排查痕迹化管控，确保提前发现隐患并及时处理。

（4）提高开关柜带电检测水平，加大运行环境不良的开关柜带电检测力度。

任务六 断路器缓冲器故障

【任务描述】

本任务主要介绍断路器缓冲器的故障，产生该故障的可能原因以及处理方法和注意事项。

【知识要点】

一、断路器缓冲器的故障

断路器缓冲器的最常见故障有缓冲器渗漏油、缓冲垫老化。现场检修过程中遇到的缓冲器渗油如图 4-20 所示。

图 4-20 断路器缓冲器渗油

二、断路器缓冲器故障的原因及后果

断路器缓冲器故障的主要原因有缓冲器的密封圈老化、密封不良、加工工艺不达标、缓冲垫材质不佳和老化、油的低温特性。在寒冷季节，若油的低温特性差，缓冲器的阻尼作用无法正常发挥。

断路器缓冲器故障可导致断路器分闸不到位、分闸反弹幅值变大，分合闸弹跳、分合闸时间不符合要求，在开断电容器组时可能出现重燃。

【技能要领】

一、更换断路器缓冲器的安全注意事项

（1）断开与断路器相关的各类电源并确认无电压。

（2）拆下的控制回路及电源线头所作标记正确、清晰、牢固，防潮措施可靠。

（3）工作前，操动机构应充分释放所储能量。

二、更换断路器缓冲器的关键工艺质量控制

（1）选用的新缓冲器应与旧缓冲器型号一致。

（2）新缓冲器安装后，缓冲器端部与座底的尺寸应与旧缓冲器一致，且安装牢固。

（3）油缓冲器无渗漏油，行程调整符合厂家设计要求。

（4）手动分合闸，缓冲器动作可靠。

（5）更换完成后进行机械特性试验测试，测试结果符合要求。

【典型案例】

1. 案例描述

某变电站1号电容器组断路器无法分闸，现场断路器在工作位置且合闸状态，母线停役后手动分闸仍然无法成功。打开断路器的前面板，发现分闸线圈烧毁，分闸脱扣器已经脱离，但是分闸能量无法释放。为了尽快恢复母线供电，检修人员紧急解锁并将1号电容器组断路器摇至试验位置进行后续处理。

2. 原因分析

如图4-21所示，检修人员检查发现合闸缓冲垫损坏严重，导致合闸拉

杆过长出现合闸过头，进而导致无法正常分闸。更换备用合闸缓冲垫并进行机构调试后，特性和回阻试验正常。

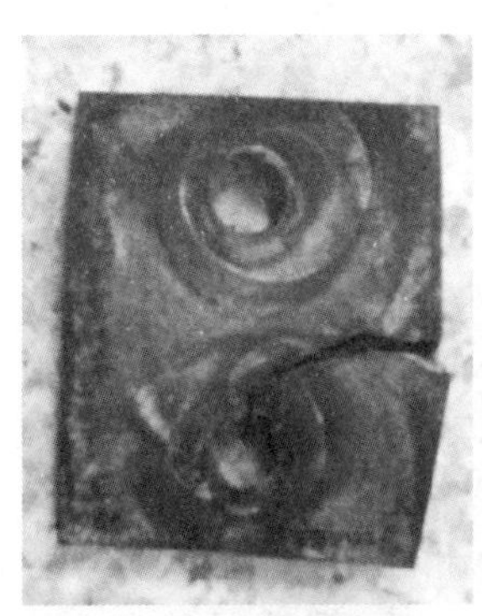

图 4-21 合闸缓冲垫损坏

3. 防控措施

检修过程，严格执行技术标准，对于频繁操作的电容器组断路器，综合考虑以往缺陷，适当缩短检修周期。检修过程中，要重视分合闸缓冲垫、缓冲器等关键部件的检修。

任务七 开关柜内断路器检修

【任务描述】

本任务介绍开关柜内断路器检修的安全注意事项及关键工艺质量控制。

【知识要点】

在日常检修工作中，检修人员要做好断路器机构润滑维护、缺陷处理及清洁除尘工作。断路器积灰严重易造成断路器的绝缘下降，可能出现对地或相间放电，造成开关保护跳闸，影响开关的稳定运行。

一、断路器极柱损坏的现场情况

断路器极柱由于频繁操作震动或设备老化等原因，往往会出现极柱裂纹情况，用于开断电容器的断路器更为明显。如图 4-22 所示，真空灭弧室底座破裂，易造成断路器的绝缘下降，出现对地或相间放电，造成断路器保护跳闸，影响断路器的稳定运行。

图 4-22 断路器极柱裂纹

二、梅花触指检查

检修项目包括：触头表面是否有氧化及弹簧颜色变化、触头结构是否有形变、触头触片有无变形、触指弹簧有无形变、弹簧匝数是否分布均匀。触指弹簧变形，影响断路器与开关柜的动静触头配合。断路器触指弹簧变形，需更换触指弹簧并进行夹紧力测试。梅花触头采用内压式设计，有部分工作电流长期经过弹簧片，容易出现类似“退火变软”现象，造成触头压力显著降低甚至完全丧失弹性，从而出现燃弧故障。现场曾发生的断路器触指弹簧变形情况，如图 4-23 所示。

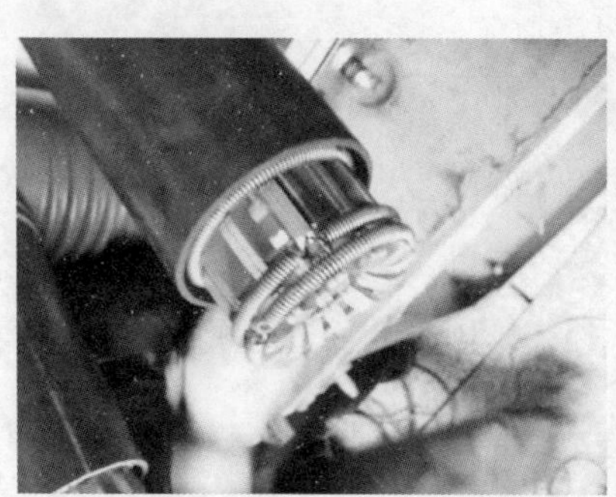

图 4-23 断路器触指弹簧变形

三、开关柜的断路器更换的指标

真空断路器的真空寿命、机械寿命和电气寿命三者任意一个不满足时，需进行更换。在日常检修工作，往往以下情况比较突出：断路器达到规定的机械操作次数，比如频繁动作的电容器开关；达到额定短路开断电流开断次数；断路器的真空度由于自然泄漏等原因耐压试验不合格；断路器发生故障无法修复。

【技能要领】

一、开关柜断路器更换的安全注意事项

（1）断开与断路器相关的各类电源并确认无电压。

（2）工作前，操动机构应充分释放所储能量。

（3）拆除、搬运时，应有防脱落措施，避免机械伤害。

此外，手车式断路器隔离挡板保持封闭，并设置明显的警示标志。固定式开关柜应使用绝缘隔板将母线侧隔离开关与断路器隔开，此工作必须在停电后才能进行。

二、开关柜断路器更换的关键工艺质量控制

开关柜断路器严重故障时，需采取更换，断路器更换的关键工艺质量控制如下：

（1）绝缘表面无损伤、胶装良好。绝缘紧固部位无裂纹。

（2）进行手动、电动分合闸操作试验，分、合闸机械及电气指示位置正确，储能指示正确。

（3）测试新断路器的机械特性试验、回路电阻、耐压试验、防跳试验等数据符合厂家规定要求。

（4）机构内二次接线压接牢固，信号传动正确，辅助开关切换正常。

（5）检查转动部件灵活，涂抹适合当地气候的润滑脂或润滑油。

此外手车式断路器要确保新断路器型号、外形尺寸与旧断路器一致。固定式断路器若出现外形尺寸稍微有偏差，可通过更改搭接排进行改造。手车式断路器的梅花触头表面无损伤，弹簧性能良好、无退火，涂有薄层中性凡士林。动、静触头配合良好。检查手车转动部件灵活，涂抹适合当地气候的润滑脂或润滑油。与接地开关、柜门联锁程序正确，推进退出灵活，隔离挡板动作正常。在拆除固定式断路器时，应确定一、二次接线等均已断开连接。固定螺栓连接紧固，外壳接地良好。接线板金属表面光洁，涂有薄层中性凡士林，固定牢固，接触良好。测量新断路器触头的开距及压缩行程符合产品技术规定。与隔离开关、柜门机械联锁程序正确，无卡涩。

三、更换灭弧室的相关要求

按照规定定期测量真空灭弧室的真空度。当真空灭弧室有下列情况之一时应予以更换：真空度明显下降或工频耐压试验不合格；灭弧室的机械寿命已达到规定值；动静触头的磨损已达到规定值；灭弧室受到损伤已不能正常工作。对于断路器操动机构完好，本着节约原则，可只更换不合格的灭弧室。更换灭弧室要按照制造厂的使用说明书的规定程序进行。更换结束后，应对设备的装配尺寸、断路器的行程、超行程（动、静触头接触后，机构将继续超行程运动，超出动、静触头位置的部分）、开距（动触头与静触头断开后的距离）、行程（开距＋超行程）进行测量、不合格时应以调整。然后进行工频耐压试验。

（1）接触行程量的变化直接反映灭弧室触头磨损量，每次调整接触行程后，必须记录调整量，当累计调整量超过（或达到）触头磨损厚度时，应更换灭弧室。

（2）总行程及触头开距的调整。真空断路器的总行程或灭弧室的触头开距随电压等级的不同有所差别，在产品说明书中都有规定。

1）导电杆的总行程，一般通过调节分闸限位的螺钉的高度来达到规定值。

2）触头开距及调整。触头开距决定于真空断路器的额定电压，也决定使用条件下分断性质和耐压要求。对于某一种真空断路器的触头开距在技术上都有规定。开距太小会引起开断能力和耐压水平的下降。不同额定电压下的真空断路器触头开距的选择范围可参考表4-2。

表4-2　　触头开距的选择范围

额定电压（kV）	触头开距（mm）
3～6	8～10
10	10～15
20	15～20
35	20～35

触头开距可由灭弧室动导电杆的实际行程测得，触头开距不合格时可通过调节缓冲垫厚度来达到，一般增加缓冲垫厚度时，触头开距减少，反之开距增大。

（3）接触行程（超行程）及调整。接触行程的作用：

1）保证触头在一定程度的电磨损后仍能保持一定的接触压力而可靠地接触。

2）给触头闭合时提供缓冲，减少弹跳。

3）在触头分闸时，使动触头得到一定的初始速度（能量），拉断熔焊点，减少燃弧时间，提高介质恢复速度。

通常接触行程取触头开距的15%～40%。接触行程一般是通过调节绝缘拉杆与灭弧室导电杆的连接螺纹来达到要求。调整时，可用扳手操作断路器，拔出绝缘接杆端部上的金属销，旋转与灭弧室动导电杆连接头来调整。

a. 螺距为1.5mm的连接头，旋转90°、180°、270°、360°时，调节距离分别为0.375、0.75、1.125、1.5mm。

b. 螺距为1mm的连接头，旋转90°、180°、270°、360°时，调节距离分别为0.25、0.5、0.75、1mm。

（4）分、合闸速度的调整。分、合速度用分闸弹簧来调整。分闸弹簧拉长，分闸速度快，而合闸速度慢；分闸弹簧缩短，分闸速度减慢，而合闸速度加快。

（5）三相同期的调整。真空断路器三相分、合闸同期性最大误差不应超过 1ms。其调整方法与接触行程的调整方法相同。

（6）更换真空灭弧室的注意事项如下：

1）灭弧室更换必须用同型号的灭弧室，不允许用其他型号的灭弧室代替。

2）装配时必须注意导电杆与灭弧室轴线的同轴度，同轴度误差一般要求不大于 2mm，以免灭弧室受到剪力和切力的作用。

3）断路器在分、合操作时，波纹管不应受到阻力，不得与任何部位相摩擦。

4）动导电杆的运动轨迹应平直，任何时候也不应在波纹管周围产生火花，波纹管的压缩，拉伸量不得超过触头允许的极限开距。

5）灭弧室端面上的压环各个方向上的受力要均匀。

6）导向套可用聚四氟乙烯或耐高温的尼龙制作。如使用金属导向套时，要控制导向套与波纹管之间的距离，以免在强电流下形成的压降在波纹管和导向套之间产生火花。

≫【典型案例一】

1. 案例描述

某变电站家景 809 线断路器上静触头靠近灭弧室位置导电杆有烧融，开关整体烧黑，柜内活门无法正常关闭，上、下动静触头盒有熏黑问题，断路器室泄压通道开启无法关闭，故障现场如图 4-24 所示。

检修人员检查家景 809 线断路器时，发现真空断路器上触头（靠近母线）的三相导电臂有明显的烧灼和烧熔的痕迹，导电臂附近的柜体表面，也有烧灼的痕迹。高试人员在对断路器进行耐压试验时，断路器相间和对地绝缘已损坏，断路器本体回阻合格。

图 4-24 断路器上、下动静触头盒熏黑

2. 原因分析

结合保护动作信息可知，此事故为家景 809 线真空断路器上触头相间绝缘和对地绝缘损坏，导致 10kV Ⅰ段母线三相短路接地。这个现象与家景 809 线保护未动作吻合，与 1 号主变压器后备保护三相短路的故障电流情况相符，与 1 号主变压器 10kV 断路器跳开后故障电流切除的现象相符。

3. 防控措施

日常工作中要加强开关柜超声和 TEV 的带电检测工作，在停电检修过程中，要通过耐压等措施进行绝缘测试，提前发现故障隐患并进行治理。

【典型案例二】

1. 案例描述

某变电站发生 1 号主变压器事故跳闸，检修人员立即抵达现场进行主变压器本体取样分析、1 号主变压器事故跳闸后保护信息检查及开关柜检查。现场发现 3 号电容器开关 C 相靠近母线侧烧损，可能原因是触头弹簧松动，造成接触不良，接触电阻过大。该 10kV 开关柜为 KYN28-12 型中置柜，内置 ZN68A 真空断路器。现场故障照片如图 4-25 所示。

该故障属于 1 号主变压器保护区外故障，1 号主变压器低压侧后备保护复压过流Ⅰ段Ⅰ时限出口跳 10kV 母线分段断路器（因压板未投入且 10kV 母线分段断路器在分位，所以未出口）。低压侧后备复压过流Ⅱ段Ⅱ

时限经 1.1s 出口跳 1 号主变压器 10kV 断路器，保护正确动作。现场保护动作情况如图 4-26 所示。

图 4-25　断路器触头弹簧松动

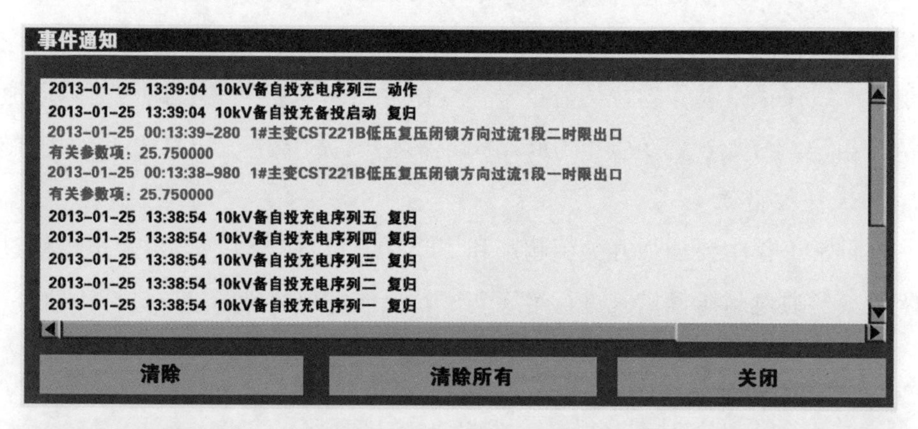

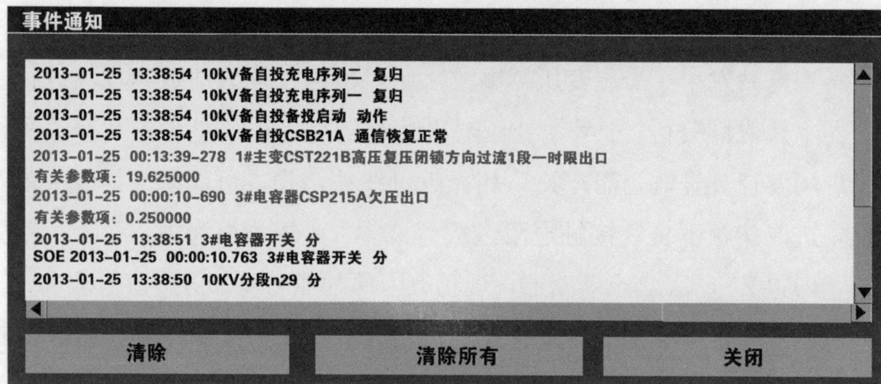

图 4-26　断路器故障现场保护动作情况

由于 Open3000 无法收到保护动作信息，在现场模拟保护动作，Open3000 保护信息显示正确。

2. 原因分析

原因是触头弹簧松动，造成接触不良，接触电阻过大；或者运维人员操作时，手车位置不正，强行推入手车，导致动、静触头未充分接触。

3. 防控措施

（1）检修过程中要测量触指弹簧弹力，特别是运行多年的断路器。

（2）运维人员在手车摇进时要核实手车轨道是否变形，是否有异物，手车的位置是否合适，避免出现位置没有对准，强行将手车摇入开关柜导致故障。

任务八 开关柜异响检修

【任务描述】

本任务主要介绍开关柜异响的主要原因、处理方法。

【知识要点】

一、开关柜异响的种类

开关柜异响一般有：①放电产生的“噼啪”声、“吱吱”声；②机械振动产生的“嗡嗡”声或异常敲击声；③其他与正常运行声音不同的噪声。

二、开关柜异响的可能原因

开关柜异响一般有绝缘件受潮放电、开关柜内穿柜套管屏蔽环未固定好等原因。此外，开关柜进线桥架异响也可能为螺丝松动，开关柜电缆室异响可能为绝缘隔板脱落。

【技能要领】

开关柜异响的处理方法如下：开关柜异响要分清是放电声还是振动的声音，可先通过超声波或者暂态地电压法进行跟踪测量，当数据超标时进行停电处理。

（1）在保证安全的情况下，检查确认异常声响设备及部位，判断声音性质。

（2）对于放电造成的异常声响，应联系检修人员确认放电对设备的危害，跟踪放电发展情况。必要时，申请值班调控人员将设备退出运行，联系检修人员处理。

（3）对于机械振动造成的异常声响，应汇报值班调控人员，并联系检修人员处理。

（4）无法直接查明异常声响的部位、原因时，可结合开关柜运行负荷、温度及附近有无异常声源进行分析判断，并可采用红外测温、地电压检测等带电检测技术进行辅助判断。

（5）无法判断异常声响设备、部位及原因时，应联系检修人员检查处理。

【典型案例】

1. 案例描述

某变电站 35kV 开关柜存在超声局部放电现象进行了排查。检测人员在 2 号主变压器 35kV 断路器及临近开关柜 2 号站用变断路器处，使用 EA 局部放电检测仪测得较大超声波局部放电信号，在背景超声为－5dB 的条件下，2 号主变压器 35kV 开关柜顶部测得超声波数据 24dB，2 号站用变压器开关柜顶部测得超声波数据 9dB，明显高于空气中背景及其他开关柜检测数据。试验人员在开关柜Ⅱ段母线停电的情况下，使用 PDStars 局部放电检测仪测得超声波背景值为－15dB。然后，利用工频交流耐压设备，在 2 号主变压器 35kV 开关柜进线处逐相升压，在运行电压 $35/\sqrt{3}$kV 下，测得 A、B 两相的超声波数据与背景值无明显差异，为－13dB，而 C 相超声波数据已经上升至 0dB。继续升压至 35kV，可以看到 C 相超声波数据为 5dB，而 A、B 两相数据也上升到了－4dB。至此，试验人员初步判断局部放电较大相为 C 相。

2. 原因分析

检修人员对开关柜后柜门以及主变压器进线排外构架进行了拆除，再次加压，发现在电压升至 50kV 时，主变压器进线排至柜内的穿墙套管 C 相处存在放电声，位置如图 4-27 所示。

检修人员对该处穿墙套管内部观察发现，进线排等电位连接弹片与穿墙套管内壁金属部分连接不牢靠，弹片有一定程度的锈蚀，如图 4-28 所示。

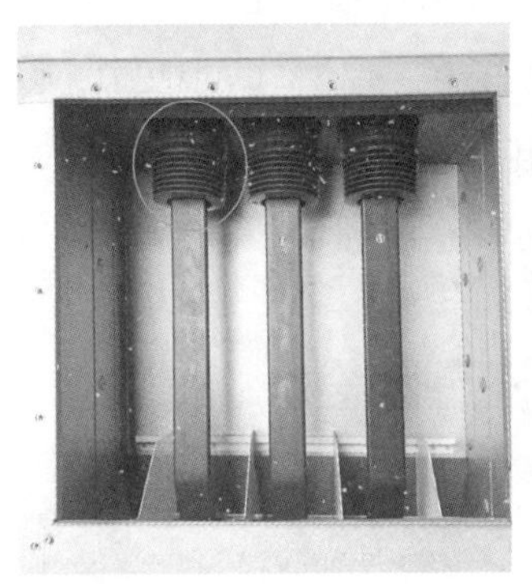

图 4-27　疑似放电点

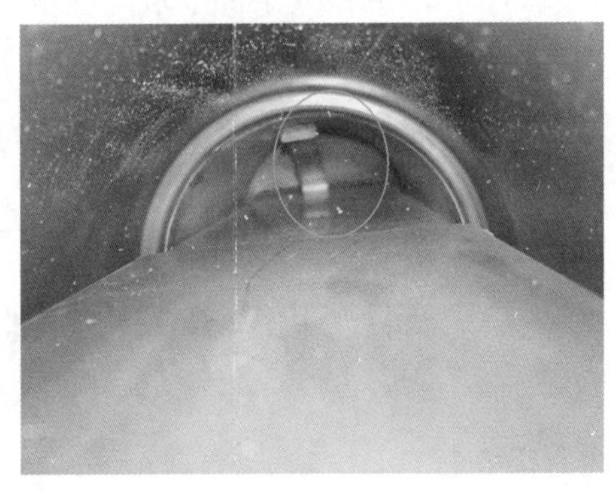

图 4-28　穿墙套管内部图

检修人员对该处等电位片进行处理，对 A、B 相位置也进行了相应的操作。待检修人员处理结束后，试验人员对该开关柜进线处再次逐相加压，在运行电压 $35/\sqrt{3}$kV 下，测得三相的超声波数据与背景值无明显差异，为 −13dB；升压至 35kV，未见明显区别；电压再升至 50kV，三相超声波数据为 0dB 左右。至此，该开关柜超声波局部放电排查结束。

试验人员再在Ⅱ段母线处进行加压，升压至运行电压 $35/\sqrt{3}$kV 下，测得三相的超声波数据与背景值无明显差异，为 −15dB；升压至 35kV，未见明显区别。试验人员判断之前该处测得超声波局放信号为 2 号主变压器 35kV 开关柜顶部局部放电信号的干扰所致，两个开关柜的问题已初步排查，待再次投运后安排复测。

3. 防控措施

本次局部放电排查过程中，遵循如下程序：

（1）在未停电条件下对有疑义的开关柜进行带电局部放电复测，确定问题所在及其严重程度；

（2）逐相加压至运行电压，用同样的方式对该开关柜进行带电局部放电测试，确认问题所在相序；

（3）继续升高电压（放大局部放电效果），排查柜内问题所在相序，大致确定局部放电位置；

（4）待设备投运再次安排复测，确保问题已解决。

该套程序中，在停电条件下利用工频交流耐压装置模拟了设备带电的工况，逐相检测，在确定相序时缩小了排查的范围，有助于更快捷更准确地发现局部放电点所在。对于在开关柜带电测试过程中发现的局部放电，通过以上程序可以更加高效地发现解决问题，建议加以推广应用。

任务九　开关柜内部互感器检修

【任务描述】

本任务主要介绍高压开关柜内部电流互感器和电压互感器检修、安全注意事项及关键工艺质量控制。

【知识要点】

一、电流互感器检查要点

（1）外观清洁、无破损；

（2）分支线螺栓紧固，接线板无过热、变形；

（3）电流互感器二次接线正确，清洁，紧固，编号清晰；

（4）外壳接地线固定良好，与带电部分保持足够安全距离；

（5）穿芯式电流互感器等电位线采用软铜线，位于屏蔽罩内，无脱落。

二、电压互感器检查要点

（1）外观清洁、无破损；

（2）接线连接紧固；

（3）电压互感器二次接线正确，清洁，紧固，编号清晰；

（4）接地线固定良好，与带电部分保持足够安全距离；

（5）电压互感器熔断器正常；

（6）电压互感器的中性点接线完好可靠，经消谐器接地时，消谐器完好正常。

三、互感器更换的原因

（1）局部放电超标、绝缘不良。电压互感器在中性点绝缘运行系统中也出现过铁磁谐振过电压时烧毁和爆炸，原因是专门配置的熔断器与被保护的电压互感器之间配合不当。针对该问题，可采取在电压互感器次级三角形绕组中串联非线性电阻、灯泡或安装新型智能消谐装置。

（2）若选型不当，如额定电流小于设备安装点的实际短路电流、动热稳定值低等，现场曾发生的电压互感器爆炸，如图4-29所示。

（3）若线路增容，开关柜内的电流互感器因变比及容量调整也需进行更换。

图4-29 开关柜内电压互感器爆炸烧毁

【技能要领】

一、互感器更换的安全注意事项

（1）断开与互感器相关的各类电源并确认无电压。

（2）互感器拆除、搬运时，有防脱落措施。

（3）电流互感器在更换过程中，因电流互感器的线路侧与线路直接相连，在拆除连接前需向运维人员借用专用的临时接地线，以防止线路倒送电、突然来电、感应电等危险。若不借用专用的临时接地线会改变原来的安措——开关及线路改检修的状态。

二、互感器更换的关键工艺质量控制

（1）对比新旧互感器的参数及一、二次接线情况，并做详细记录，确认新互感器满足现场要求。

（2）外观清洁、无损伤。

（3）基础安装尺寸与旧设备基础尺寸相符。

（4）各连接处的金属接触面光洁，涂有薄层中性凡士林，连接螺栓紧固可靠。

（5）本体及二次接地符合要求，并接地可靠。

（6）互感器一次接线与接地体相间、对地的空气绝缘净距离应符合要求：≥125mm（对于12kV），180mm（对于24kV），≥300mm（对于40.5kV）。

（7）穿芯电流互感器的等电位线连接可靠。

（8）更换互感器应注意，电流互感器多余的二次绕组不允许开路，电压互感器不允许短路。

（9）二次接线应接触良好，试验合格，二次接线与一次设备要保证足够安全距离。

【典型案例】

1. 案例描述

某变电站35kVⅠ段母线C相电压降低为0V，A、B相升高为线电压，“35kV母线保护装置异常”“消谐接地告警”光字牌亮。现场检查，35kVⅠ段母线TV外观无异常，35kV开关室有一股轻微刺鼻臭味。三相TV熔丝均未烧毁，C相TV本体及熔丝明显发热。

试验发现35kVⅠ段母线压变柜的避雷器和中性点消谐电阻特性正常。C相TV一、二次绕组间绝缘，一次绕组对地绝缘，二次绕组对地绝缘均破坏。对该压变柜未绕毁 A、B 相电压互感器进行一、二次绕组绝缘电阻、变比以及 1.9 倍励磁特性试验，均未发现明显异常。

而对该 TV 未绕毁的 B 相进行测试时，局部放电高达 4200pC，远大于规程 50pC 的允许值。其后对厂家新到的一只 TV 进行局部放电测试时，局部放电量也达 145pC，超规程要求。

故障发生前两个周波时，A 相 58.5V，B 相 60.6V，C 相 55.4V，零序电压 2.1V，未出现明显过电压现象。9 月 5 日 3 时 54 分 04 秒 576 毫秒，C 相发生接地，A 相升至 55.7V，B 相升至 74.9V，C 相降至 49.3V，零序电压升至 29.1V，C 相电压开始下降。9 月 5 日 5 时 7 分 34 秒：A 相升至 102.9V，B 相升至 103.2V，C 相降至 0.3V，零序电压升至 104.4V。

35kV Ⅰ段 TV 保护（测量）、零序绕组接线正确，35kV Ⅰ段 TV 计量绕组接线正确。拆除 TV 绕组接线后，各回路电缆之间、电缆对外壳绝缘均正常。二次回路正确。35kV Ⅰ段母设 TV 二次保护（测量）、计量、零序绕组所配的 3 个击穿熔断器绝缘均正常，未击穿。二次消谐控制器检查正常。

2. 原因分析

（1）故障录波显示，故障前没有明显的铁磁谐振过电压现象。

（2）厂家产品制造存在普遍性质量问题，对未绕毁电压互感器和厂家新供货电压互感器进行局部放电试验均不合格。

3. 防控措施

（1）严把开关柜电压互感器验收关，重点进行开关柜电压互感器励磁特性和局部放电试验。

（2）对该变电站的 35kV Ⅰ段母线电压互感器进行更换，更换后加强巡视监测。

任务十　高压开关柜绝缘件检修

【任务描述】

本任务主要介绍高压开关柜绝缘件检修及注意事项。

【知识要点】

一、开关柜绝缘的相关规定

(1)《国家电网公司十八项电网重大反事故措施（修订版)》（国家电网生〔2012〕352 号）12.3.1.1 规定，“空气绝缘净距离：≥125mm（对 12kV)，≥300mm（对 40.5kV)”。目前厂家采用的绝缘材料普遍性能不良且行业缺乏检测手段，绝缘隔板极易受潮丧失绝缘，热缩护套长期运行后易开裂、脱落，开关柜长期运行后绝缘性能下降，造成开关柜故障频发，严重影响电网安全运行。

目前，由于开关柜采用的绝缘隔板、热缩绝缘护套等绝缘材料阻燃性能不良，导致开关柜内部绝缘故障时起火燃烧，甚至造成火烧连营的严重后果。开关柜内用以加强绝缘的大量绝缘材料，在开关柜发生绝缘故障时极易扩大事故范围。开关柜内严禁使用绝缘隔板加强绝缘。如果采用固封式加强绝缘措施，也必须满足上述空气绝缘净距离要求。如不满足上述空气绝缘净距离要求，可选用充气柜。

(2) DL/T 593—2016《高压开关设备和控制设备标准的共用技术要求》要求，高压开关柜外绝缘应满足以下条件：最小标称爬电比距：$\geqslant\sqrt{3}\times$ 18mm/kV（对瓷质绝缘)，$\geqslant\sqrt{3}\times$20mm/kV（对有机绝缘)。

(3)《国家电网公司十八项电网重大反事故措施（修订版)》和 Q/GDW 13088.1—2014《12kV～40.5kV 高压开关柜采购标准　第 1 部分：通用技术规范》规定，开关柜中所有绝缘件装配前均应进行局部放电检测，单个绝缘件局部放电量不大于 3pC。

二、开关柜绝缘击穿的现象

(1) 单相绝缘击穿：监控系统发出接地报警信号，接地相电压降低（最低降低到零)，非接地相电压升高（最高升高到线电压)，线电压不变。运行开关柜内部可能有放电异响。

（2）两相以上绝缘击穿：监控系统发出相应保护动作信号，相应保护装置发出跳闸信号，给故障设备供电的断路器跳闸。

【技能要领】

一、开关柜绝缘击穿的应急处理

（1）检查、处理开关柜单相绝缘击穿故障时，应穿绝缘靴，接触开关柜外壳时应戴绝缘手套。未穿绝缘靴的情况下，不得靠近故障点4m以内。

（2）单相绝缘击穿的开关柜不得用隔离开关隔离，应采用断路器断开电源，然后再隔离故障点。

（3）两相以上绝缘击穿的开关柜，应检查保护动作、开关跳闸情况，隔离故障点后优先恢复正常设备供电。

（4）绝缘击穿故障点隔离并做好安全措施后，应检查开关柜外壳、内部其他元件有无变形、破损等异常现象。

（5）隔离故障点后，应及时联系检修人员处理，并汇报值班调控人员。

二、开关柜绝缘件更换的安全注意事项

（1）断开与绝缘件相关的各类电源并确认无电压。

（2）绝缘件拆除、搬运时，有防脱落措施。

（3）更换敞开式开关柜母线绝缘子时，尤其是在单母线分段处工作时，对于未设置永久性隔离挡板的，现场采用临时的隔离措施，并设专人进行监护。

三、开关柜绝缘件更换的关键工艺质量控制

（1）绝缘件无脏污、裂纹、破损。绝缘件使用阻燃型材料，并经试验合格。

（2）新绝缘件的基础安装尺寸与旧基础安装尺寸相符。

（3）触头盒、穿柜套管的等电位线连接良好，触头盒固定牢固可靠，

触头盒内一次导体应进行倒角处理；35kV穿柜套管、触头盒应带有内外屏蔽结构（内部浇注屏蔽网）均匀电场，不得采用无屏蔽或内壁涂半导体漆屏蔽产品。屏蔽引出线应使用复合绝缘外套包封。

（4）用于大电流回路（主变压器总路、分段、母线）的穿墙套管底板，应采用非导磁材质，并加设防涡流槽。

【典型案例】

1. 案例描述

某变电站35kV开关柜陆续发生放电情况，经停电检查发现均是绝缘件表面由于存在水汽凝结情况，绝缘件表面存在黑化放电痕迹，铜排热缩存在发霉情况，柜内电缆室有水迹存在，现场故障照片如图4-30所示。

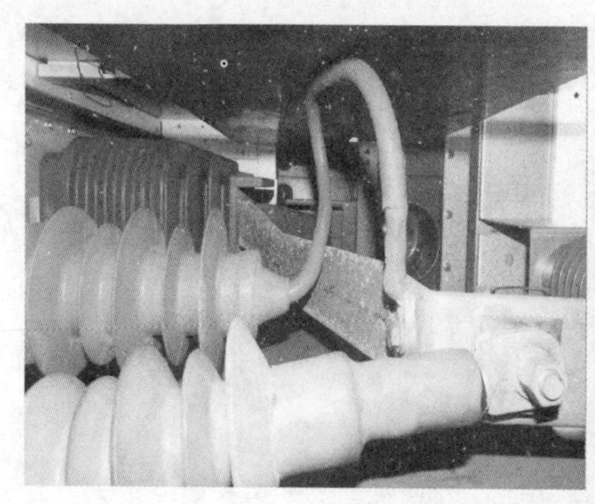

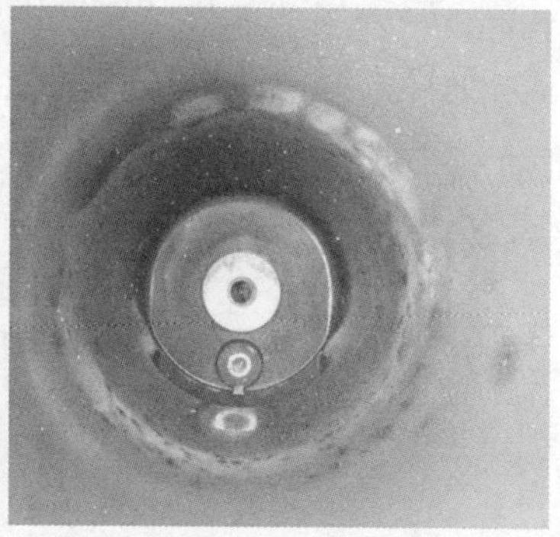

图4-30 绝缘件表面存在黑化放电

2. 原因分析

（1）电气安全距离偏小。投运的35kV开关柜采用1.2m宽的柜体，相间空气绝缘近距离仅为200mm左右，远不能满足300mm的规定要求，所以现阶段厂家均采取热缩的复合绝缘措施。从近几年来运行情况看，普遍反映柜体尺寸偏小。开关触头和引线间距相与相之间、相与地之间空气净距小，达不到室内配电装置净距300mm的要求。

（2）产生尖端电晕放电。柜内母线和元器件的制作虽经过倒角处理，但存在棱角、毛刺，连接件处螺丝过长，导致绝缘表面电场分布很不均匀，引起尖端电晕放电。当局部电场强度达到临界场强时，气体发生局部电离，出现蓝色荧光并发出“嘶嘶”放电声。放电热效应容易使复合绝缘材料释放出臭氧、氮的氧化物，这些气体都会使绝缘体绝缘性能降低甚至破坏。

（3）自然通风散热效果差。开关柜采用封闭式结构，内部的手车室、母线室、电缆室和低压室之间也是相互独立的，设计制造时柜体结构未充分考虑合理有效的自然通风散热问题。由于开关柜是全封闭式结构，没有透气孔，且出线全是电缆出线，电缆沟上来的潮气易积聚在柜内，加之柜内通风不畅，当环境温度变化时，易产生凝露，造成绝缘强度降低。开关柜内由于大量采用了压铸环氧树脂为材料的绝缘部件，尤其是高压电缆外绝缘层、环氧浇注电流互感器、酚醛环氧绝缘罩、相间隔板等复合绝缘材料的憎水性较差，若绝缘材料材质不好，空气湿度大且污秽严重，运行中会导致吸潮凝露，导致表面泄露电流增大。当介质受潮、脏污或有破损时，由于潮湿，介质表面的游离电子增加，引起传导电流增加，绝缘电阻相应降低，绝缘下降到一定程度时即引起局部沿面放电闪络，最终发展成相间短路或接地短路事故。

（4）施工工艺达不到要求。变电站内电缆沟施工工艺粗糙，电缆沟内部未经严格防水处理，后续改造工程野蛮施工，造成电缆沟壁崩塌，导致防水不能正常工作。电缆沟封堵不严造成电缆沟内布满尘土，尘土通过柜底部缝隙进入开关柜内部，使支持绝缘子、套管等绝缘件积尘严重，出现污垢和放电现象。

3. 防控措施

（1）强化绝缘措施。更换部分放电严重的母线穿墙套管。由于持续放电作用，部分母线套管的绝缘已经破坏，无法保证设备的安全运行，所以更换部分母线套管。清除开关柜内灰尘和积炭黑斑，同时对母线套管内部进行灰尘清除和防污闪处理。

（2）优化开关柜内运行环境。加强变电站的通风管理，定期清理开关室内卫生，避免室内出现浮尘，在开关室内加装除湿机，保持开关室内清洁和良好的温湿度环境。在开关柜内优化加热装置，防止凝露发生。组织定期开展开关柜电缆通道普查，结合停电工作，使用防火材料封堵开关柜与高压电缆沟的通道，防止电缆沟内潮湿气体和灰尘窜入柜内，造成绝缘强度降低。

（3）严控进货质量。购买设备时，在技术条件书中明确通风、加热除潮的要求。严把设备招标关，严防产品质量不高的高压开关柜进入电网运行。

（4）提高生产工艺。开关柜属铠装型移开式开关设备，是以空气绝缘配合复合绝缘的产品，且复合绝缘所占比例较大。生产工艺注意：绝缘件应光滑、平整，不能有毛刺；铜排断口应倒角和去毛刺；不应将铜排搭接口放在套管内；螺钉露牙不应过长，并应长短一致；在关键部位应采用圆头螺钉。

（5）加强变电站运行管理。变电站竣工运行后一般有相应的输电工程，电缆沟盖板需要打开，容易产生电缆沟盖板损坏、开关柜与电缆沟封堵不严等问题。这些问题是造成开关柜内部放电的潜在因素。严格工程验收标准，加强变电站的日常巡视，发现问题及时整改。

任务十一　开关柜紧急故障处理

【任务描述】

本任务主要介绍开关柜需紧急申请停运的情况、故障跳闸后的巡视、绝缘击穿现象、开关柜着火现象，以及紧急故障处理方法。

【知识要点】

一、需紧急申请停运的情况

（1）开关柜内有明显的放电声并伴有放电火花，烧焦气味等。

（2）柜内元件表面严重积污、凝露或进水受潮，可能引起接地或短路时。

（3）柜内元件外绝缘严重裂纹，外壳严重破损、本体断裂。

(4) SF_6 断路器严重漏气，达到“压力闭锁”状态；真空断路器灭弧室故障。

(5) 手车无法操作或保持在要求位置。

二、开关柜故障跳闸后的巡视

(1) 检查开关柜内断路器控制、保护装置动作和信号情况。

(2) 检查事故范围内的设备情况，开关柜有无异音、异味，开关柜外壳、内部各部件有无断裂、变形、烧损等异常。

三、开关柜绝缘击穿现象

(1) 单相绝缘击穿，监控系统发出接地报警信号，接地相电压降低(最低降低到零)，非接地相电压升高（最高升高到线电压），线电压不变。运行开关柜内部可能有放电异响。开关柜绝缘击穿照片如图 4-31 所示。

(2) 两相以上绝缘击穿，监控系统发出相应保护动作信号，相应保护装置发出跳闸信号，给故障设备供电的断路器跳闸。

图 4-31 开关柜绝缘击穿

开关柜绝缘击穿危害比较大，有可能对人身造成伤害，故封闭式开关柜必须设置压力释放通道。此外，《国家电网公司十八项电网重大反事故措施（修订版）》还规定开关柜应选用 IAC 级（内部故障级别）产品，制造厂应提供相应型式试验报告(报告中附试验试品照片)。选用开关柜时应确认其母线室、断路器室、电缆室相互独立，且均通过相应内部燃弧试验，燃弧时间为 0.5s 及以上。内部故障电弧允许持续时间应不小于 0.5s，试验电流为额定短时耐受电流，对于额定短路开断电流大于 31.5kA 的产品可按照 31.5kA 进行内部故障电弧试验。

四、开关柜着火现象

（1）开关柜室火灾报警装置报警。

（2）开关室内有火光、烟雾。

（3）如火灾已引起设备跳闸，相应保护装置动作，故障设备供电的断路器跳闸。

开关柜着火后要迅速开启通风设施，通风设施的空开位置应设置在配电室外，以防止配电室内发生火灾后，人员无法进入配电室，从而不能开启通风设施的空开。

【技能要领】

一、开关柜紧急故障处理的注意事项

（1）做好人身防护（戴防毒面具、口罩防止浓烟侵袭呼吸道及肺部）。

（2）自己清楚带电部位并向抢修人员交代清楚。

（3）初判受损情况及处理所需安全措施。

（4）抢修过程中，做好监护，特别多班组交叉、多工作面交叉抢修工作。

（5）严重的故障，先隔离尽快恢复母线送电。

二、开关柜绝缘击穿临时处理

（1）检查、处理开关柜单相绝缘击穿故障时，应穿绝缘靴，接触开关柜外壳时应戴绝缘手套。未穿绝缘靴的情况下，不得靠近故障点 4m 以内。

（2）单相绝缘击穿的开关柜不得用隔离开关隔离，应采用断路器断开电源，然后再隔离故障点。

（3）两相以上绝缘击穿的开关柜，应检查保护动作、断路器跳闸情况，隔离故障点后优先恢复正常设备供电。

（4）绝缘击穿故障点隔离并做好安全措施后，应检查开关柜外壳、内部其他元件有无变形、破损等异常现象。

（5）隔离故障点后，汇报值班调控人员，运维人员许可工作票或者事故应急抢修单，检修人员进行处理。

三、开关柜着火临时处理

（1）检查并断开起火设备电源。

（2）开启开关柜配电室通风装置，排出室内的烟雾。排除烟雾前需进入检查设备时，要戴防毒面具。

（3）如开关柜火未完全熄灭，检查故障开关柜已断开电源后，用灭火器灭火，必要时报火警。

（4）检查保护动作及断路器跳闸情况。

（5）断开故障间隔的交直流电源开关。

（6）隔离故障设备，做好必要的安全措施后，检查开关柜及内部设备损坏情况。

（7）将保护跳闸和设备损坏情况汇报值班调控人员，运维人员许可工作票或者事故应急抢修单，检修人员进行处理。

【典型案例】

1. 案例描述

某变电站 10kV 线路 C 相接地拉路。随后出现巨三 694 线断路器遥信变位，巨三 694 线辅助电源故障，巨三 694 线通信中断，18：21：02～18：21：54 多个间隔开关陆续通信中断，18：32：35 1 号主变压器后备保护动作跳开 1 号主变压器 10kV 断路器。按照开关柜紧急故障处理流程，运维检修人员迅速赶赴现场，开关柜室装有排风机，开启室外的排风机控制空气开关对开关柜室进行强排风。用灭火器灭火并检查保护动作及断路器跳闸情况，隔离故障设备，做好必要的安全措施后，检查开关柜及内部设备损坏情况，发现巨三 694 线开关柜的断路器室、继保室烧毁严重，临近的 10kV 母分开关柜的继保室也烧毁严重，现场故障照片如图 4-32 所示。

图 4-32 开关柜烧毁照片

运维人员将保护跳闸和设备损坏情况汇报值班调控人员并许可事故应急抢修单。检修人员打开巨三 694 线开关柜母线室的后封板，发现母线排绝缘全部损坏，柜间的穿墙套管全部烧毁，现场故障照片如图 4-33 所示。

图 4-33 开关柜母线室和真空灭弧室烧毁照片

检修人员陆续完成受损穿墙套管更换、10kV 受损母线排清洗、10kⅥ段母线高架桥开封板清扫并完成 10kⅥ段母线绝缘电阻测量。10kⅥ段母线耐压试验合格，为了防止母线桥在复役过程中遇到问题，检修人员又将 10kⅥ段母线的 12 组开关柜逐个进行耐压和回路电阻测试，随后进行 10kⅥ段母线复役操作。为了检验复役后开关柜运行情况，又安排检修人员进行开关柜局部放电测试。

2. 分析

(1) 该事故的原因为巨三 694 线断路器的 A 相真空灭弧室真空度下

降。需督促厂家进一步加强产品质量，降低真空灭弧室真空度下降的概率。

（2）按照开关柜的检修检测周期进行相关试验，对于历史缺陷较多的开关柜缩短检修检测周期。

（3）采用新技术测量真空灭弧室的真空度。

（4）该开关柜着火紧急故障，运维检修人员都能按照紧急流程进行处理，在较短的时间内恢复送电。

项目五

开关柜运维

【项目描述】

通过学习本项目内容，熟悉开关柜的运维规定，正确掌握开关柜巡视、操作及运维一体化技能。

任务一 开关柜运维的相关规定

【任务描述】

本任务主要介绍开关柜运维的相关规定，要求学员能熟练掌握。

【知识要点】

一、开关柜运维的总体规定

（1）开关柜内一次接线应符合输变电工程典型设计要求，避雷器、电压互感器等柜内设备应经隔离开关（或隔离手车）与母线相连，严禁与母线直接连接。其前面板模拟显示图必须与其内部接线一致，开关柜可触及隔室、不可触及隔室、活门和机构等关键部位在出厂时应设置明显的安全警告、警示标识。柜内隔离金属活门应可靠接地，活门机构应选用可独立锁止的结构，可靠防止检修时人员失误打开活门。

（2）对于开关柜存在误入带电区域可能的部位应加锁并粘贴醒目警示标志；后上柜门打开的母线室外壳，应粘贴醒目警示标志。

（3）开关柜的柜间、母线室之间及与本柜其他功能隔室之间应采取有效的封堵隔离措施。

（4）封闭式开关柜必须设置压力释放通道，压力释放方向应避开人员和其他设备。

（5）变电运维人员必须在完成开关柜内所有可触及部位验电、接地及防止碰触带电设备的安全措施后，工作人员方可进入柜内实施检修维护作业。

（6）对进出线电缆接头和避雷器引线接头等易疏忽部位，应作为验电重点全部验电，确保检修人员可触及部位全部停电。

（7）开关柜隔离开关触头拉合后的位置应便于观察各相的实际位置或机械指示位置；开关（小车开关在工作或试验位置）的分合指示、储能指示应便于观察并明确标示。

（8）开关柜内驱潮器应一直处于运行状态，以免开关柜内元件表面凝露，影响绝缘性能，导致沿面闪络。对运行环境恶劣的开关柜内相关元件可喷涂防污闪涂料，提高绝缘件憎水性。

（9）开关柜内电缆接头宜设置示温蜡片，便于通过巡视观察示温蜡片变色情况判断接头是否发热。

（10）在进行开关柜停电操作时，停电前应首先检查带电显示装置指示正常，证明其完好性。

（11）进入开关室对开关柜进行巡视前，宜首先告知调控中心，将带有电压自动控制（AVC）功能的电容器、电抗器开关改为不能自动投切的状态，巡视期间禁止远方操作开关，巡视完毕离开开关室后告知调控中心将电压自动控制（AVC）恢复至自动投切状态。

（12）开关柜一、二次电缆进线处应采取有效的封堵措施，并做防火处理。

二、开关柜内断路器运行规定

（1）对用于投切电容器组等操作频繁的开关柜要适当缩短巡检和维护周期。当无功补偿装置容量增大时，应进行断路器容性电流开合能力校核试验。

（2）开关柜断路器在工作位置时，严禁就地进行分合闸操作。远方操作时，就地人员应远离设备。

（3）手车开关每次推入柜内后，应保证手车到位、隔离插头接触良好和机械闭锁可靠。

（4）开关柜内手车开关拉出后，隔离带电部位的挡板封闭后禁止开启，并设置“止步，高压危险！”的标示牌。

三、开关柜防误闭锁装置运行规定

（1）成套开关柜五防功能应齐全、性能良好，出线侧应装设具有自检功能的带电显示装置，并与线路侧接地开关实行联锁；配电装置有倒送电源时，间隔网门应装有带电显示装置的强制闭锁。

(2) 开关柜所装设的高压带电显示装置应符合 DL/T 538—2006《高压带电显示装置》标准要求。

(3) 手车式断路器无论在工作位置还是在试验位置，均应用机械联锁把手车锁定。断路器与其手车之间应具有机械联锁，断路器必须在分位方可将手车从“工作位置”(“试验位置”) 拉出或推至“试验位置”(“工作位置”)。断路器手车与线路接地开关之间必须具有机械联锁，手车在“试验位置”或“检修位置”方可合上线路接地开关。反之，线路接地开关在分位时方将断路器手车推至“工作位置”。

(4) 应充分利用停电时间检查断路器机构与手车断路器、手车与接地开关、隔离开关与接地开关的机械闭锁装置。

(5) 加强带电显示闭锁装置的运行维护，保证其与柜门间强制闭锁的运行可靠性。防误操作闭锁装置或带电显示装置失灵应作为严重缺陷尽快予以消除。

四、开关室运行规定

(1) 应在开关室配置通风、除湿、防潮设备，防止凝露导致绝缘事故。

(2) 对高寒地区，应选用满足低温运行的断路器和二次装置，否则应在开关室内配置有效的采暖或加热设施，防止凝露导致绝缘事故。

(3) 运行环境较差的开关室应加强房间密封，在柜内加装加热驱潮装置并采取安装空调或工业除湿机等措施，空调的出风口不应直接对着开关柜柜体，避免制冷模式下造成柜体凝露导致绝缘事故。

(4) 开关室长期运行温度不得超过 45℃，否则应采取加强通风降温措施 (开启开关室通风设施)。

(5) 开关室内相对湿度保持在 75%以下，除湿机应定期排水，防止发生柜内凝露现象，空调应切换至除湿模式。

(6) 在 SF_6 断路器开关室低位区应安装能报警的氧量仪和 SF_6 气体泄

漏报警仪，在工作人员入口处也要装设显示器。仪器应定期检验，保证完好。

（7）进入室内 SF_6 开关设备区，需先通风 15min，并检测室内氧气密度正常（大于 18%），SF_6 气体密度小于 1000μL/L。处理 SF_6 设备泄漏故障时必须戴防毒面具，穿防护服。尽量避免一人进入 SF_6 断路器开关室进行巡视，不准一人进入从事检修工作。

（8）SF_6 断路器开关室的排风机电源开关应设置在门外，通风装置因故停止运行时，禁止进行电焊、气焊、刷漆等工作，禁止使用煤油、酒精等易燃易爆物品。

（9）开关室门应设置防小动物挡板，并在室内放置一定数量的捕鼠器械。

（10）每年雨季到来前，应进行开关室防漏（渗）雨的检查维护。

五、紧急申请停运规定

（1）开关柜内有明显的放电声并伴有放电火花，烧焦气味等。

（2）柜内元件表面严重积污、凝露或进水受潮，可能引起接地或短路时。

（3）柜内元件外绝缘严重裂纹，外壳严重破损、本体断裂或严重漏油已看不到油位。

（4）接头严重过热或有打火现象。

（5）SF_6 断路器严重漏气，达到“压力闭锁”状态；真空断路器灭弧室故障。

（6）手车无法操作或保持在要求位置。

（7）充气式开关柜严重漏气，达到“压力报警”状态。

（8）其他根据现场实际认为应紧急停运的情况。

任务二　开关柜巡视

【任务描述】

本任务主要介绍常见开关柜巡视的要点及注意事项。

【知识要点】

一、开关柜的例行巡视

（1）开关柜运行编号标识正确、清晰，编号应采用双重编号。

（2）开关柜上断路器或手车位置指示灯、断路器储能指示灯、带电显示装置指示灯指示正常。

（3）开关柜内断路器操作方式选择开关处于运行、热备用状态时置于“远方”位置，其余状态时置于“就地”位置。

（4）机械分、合闸位置指示与实际运行方式相符。

（5）开关柜内应无放电声、异味和不均匀的机械噪声。

（6）开关柜压力释放装置无异常，释放出口无障碍物。

（7）柜体无变形、下沉现象，柜门关闭良好，各封闭板螺栓应齐全，无松动、锈蚀。

（8）开关柜闭锁盒、“五防”锁具闭锁良好，锁具标号正确、清晰。

（9）充气式开关柜气压正常。

（10）开关柜内 SF_6 断路器气压正常。

（11）开关柜内断路器储能指示正常。

（12）开关柜内照明正常，非巡视时间照明灯应关闭。

二、开关柜的全面巡视

全面巡视在例行巡视的基础上增加以下项目：

（1）开关柜出厂铭牌齐全、清晰可识别，相序标识清晰可识别。

（2）开关柜面板上应有间隔单元的一次电气接线图，并与柜内实际一次接线一致。

（3）开关柜接地应牢固，封闭性能及防小动物设施应完好。

（4）开关柜控制仪表室巡视检查项目及要求：

1）表计、继电器工作正常，无异声、异味；

2）不带有温、湿度控制器的驱潮装置小开关正常在合闸位置，驱潮装置附近温度应稍高于其他部位；

3）带有温、湿度控制器的驱潮装置，温、湿度控制器电源灯亮，根据温、湿度控制器设定启动温度和湿度，检查加热器是否正常运行；

4）控制电源、储能电源、加热电源、电压小开关正常在合闸位置；

5）环路电源小开关除在分段点处断开外，其他柜均在合闸位置；

6）二次接线连接牢固，无断线、破损、变色现象；

7）二次接线穿柜部位封堵良好。

（5）有条件时，通过观察窗检查以下项目：

1）开关柜内部无异物。

2）支持绝缘子表面清洁、无裂纹、破损及放电痕迹。

3）引线接触良好，无松动、锈蚀、断裂现象。

4）绝缘护套表面完整，无变形、脱落、烧损。

5）油断路器、油浸式电压互感器等充油设备，油位在正常范围内，油色透明无炭黑等悬浮物，无渗、漏油现象。

6）检查开关柜内 SF_6 断路器气压是否正常，并抄录气压值。

7）试温蜡片（试温贴纸）变色情况及有无熔化。

8）隔离开关动、静触头接触良好；触头、触片无损伤、变色；压紧弹簧无锈蚀、断裂、变形。

9）断路器、隔离开关的传动连杆、拐臂无变形，连接无松动、锈蚀，开口销齐全；轴销无变位、脱落、锈蚀。

10）断路器、电压互感器、电流互感器、避雷器等设备外绝缘表面无脏污、受潮、裂纹、放电、粉蚀现象。

11）避雷器泄漏电流表电流值在正常范围内。

12）手车动、静触头接触良好，闭锁可靠。

13）开关柜内部二次线固定牢固、无脱落，无接头松脱、过热，引线断裂，外绝缘破损等现象。

14）柜内设备标识齐全、无脱落。

15）一次电缆进入柜内处封堵良好。

（6）检查遗留缺陷有无发展变化。

（7）根据开关柜的结构特点，在变电站现场运行专用规程中补充检查的其他项目。

三、熄灯巡视

熄灯巡视时应通过外观检查或者通过观察窗检查开关柜引线、接头无放电、发红迹象，检查瓷套管无闪络、放电。

四、特殊巡视

（1）新设备或大修投入运行后巡视。重点检查有无异声、触头是否发热、发红、打火，绝缘护套有无脱落等现象。

（2）雨、雪天气特殊巡视项目。

1）检查开关室有无漏雨、开关柜内有无进水情况。

2）检查设备外绝缘有无凝露、放电、爬电、电晕等异常现象。

（3）高温大负荷期间巡视。

1）检查试温蜡片（试温贴纸）变色情况。

2）用红外热像仪检查开关柜有无发热情况。

3）通过观察窗检查柜内接头、电缆终端有无过热，绝缘护套有无变形。

4）开关室的温度较高时应开启开关室所有的通风、降温设备，若此时温度还不断升高应减低负荷。

5）检查开关室湿度是否超过75%，否则应开启全部通风、除湿设备进行除湿，并加强监视。

（4）故障跳闸后的巡视。

1）检查开关柜内断路器控制、保护装置动作和信号情况。

2）检查事故范围内的设备情况，开关柜有无异音、异味，开关柜外壳、内部各部件有无断裂、变形、烧损等异常。

任务三　开关柜的操作和运维

【任务描述】

本任务主要介绍常见开关柜操作的要点和注意事项，同时介绍了现场操作不当的案例，使学员能从案例中吸取教训并熟练地掌握开关柜正确的操作方法。

【知识要点】

开关柜操作的要点及注意事项如下：

（1）手车分为工作位置、试验位置和检修位置三种位置，禁止手车停留在以上三种位置以外的其他过渡位置。

（2）手车在工作位置、试验位置，机械联锁均应可靠锁定手车。

（3）手车推入、拉出操作前，应将车体位置摆正，认真检查机械联锁位置正确方可进行操作；禁止强行操作。

（4）手车推入开关柜内前，应检查断路器确已断开、动触头外观完好、设备本身及柜内清洁无积灰，无试验接线，无工具物料等。

（5）手车在试验位置时，应检查二次空开、插头是否投入，指示灯等是否正常。

（6）手车推入工作位置前，应检查“远方/就地”切换开关在“就地”位置，检查保护压板、保护定值区是否按照调控命令方式投入，保护装置无异常。

（7）拉出、推入手车之前应检查断路器在分闸位置。

（8）手车开关拉出后，隔离带电部位的挡板封闭后禁止开启，并设置“止步，高压危险！”的标示牌。

（9）在确认配电线路无电的情况下，才能合上线路侧接地开关，该开关柜电缆仓门才能打开。

（10）全封闭式开关柜操作前后，无法直接观察设备位置的，应通过间接方法判断设备位置。

（11）全封闭式开关柜无法进行直接验电的部分，应采取间接验电的方法进行判断。

【技能要领】

开关柜红外测温方法如下：

（1）开关柜红外检测周期。

1）精确检测周期：1000kV：1 周，省评价中心 3 月。750kV 及以下：1 年。新设备投运后 1 周内（但应超过 24 小时）。

2）新安装及 A、B 类检修重新投运后 1 周内。

3）迎峰度夏（冬）、大负荷、检修结束送电、保电期间和必要时增加检测频次。

（2）检测范围包含开关柜母线裸露部位、开关柜柜体、开关柜控制仪表室端子排、空开。

（3）重点检测开关柜柜体及进、出线电气连接处。

（4）检测方法应按照 DL/T 664—2016《带电设备红外诊断应用规范》执行。

（5）红外热像图显示应无异常温升、温差和（或）相对差，注意与同等运行条件下相同开关柜进行比较。当柜体表面温度与环境温度温差大于 20K 或与其他柜体相比较有明显差别时（应结合开关柜运行环境、运行时间、柜内加热器运行情况等进行综合判断），应停电由检修人员检查柜内是否有过热部位。

（6）测量时记录环境温度、负荷及其近 3h 内的变化情况，以便分析参考。

【典型案例】

1. 案例描述

由于运维人员操作不当，没有固定好二次线航空插头，导致手车二次线软管在车轮底下被压坏破损，如图 5-1 所示。

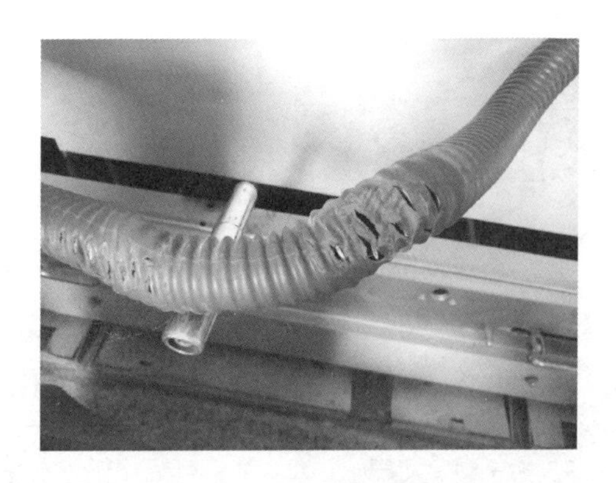

图 5-1 运维人员操作不当导致航空插头二次线受损

2. 处理措施

检修人员需试验内部二次线绝缘是否破坏，核实断路器分、合闸动作情况及信号回路是否正确。同时，要加强运维人员的操作培训，操作前应检查二次航空插头放置在专门位置并固定，防止脱落。二次线航空插头正确的固定示意图如图 5-2 所示。

图 5-2 二次线航空插头正确的固定示意图

断路器的闭锁杆在试验位置和工作位置会自动落到底部孔中，摇入摇出需要将操作手柄插到底才能将闭锁杆抬起，如图 5-3 所示。运维人员在往里摇的过程中没有将手柄插到底就往里面摇手车，而设备的设计却是操作手柄没有插到底也可以摇进去，结果把闭锁杆撞歪了，在工作位置落不下来，一直闭锁，导致合闸时线圈一直得电却合不上闸，最终烧毁线圈，如图 5-4 所示。

图 5-3 断路器闭锁杆的位置

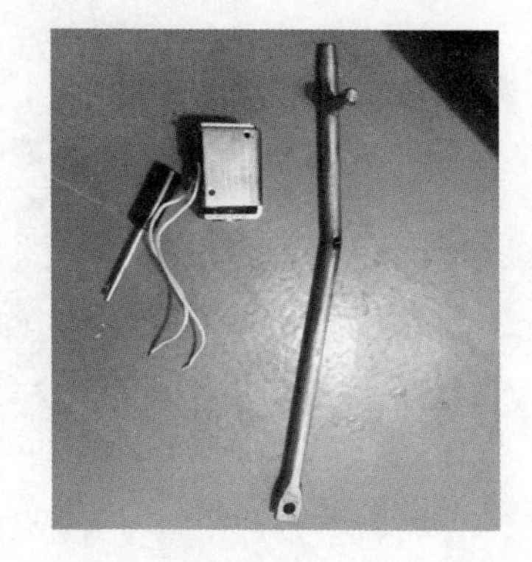

图 5-4 损坏的闭锁杆与合闸线圈

任务四 运维一体化示例——开关柜指示灯不亮处理

【任务描述】

本任务主要介绍常见开关柜指示灯不亮的缺陷描述、可能原因、处理方法及注意事项，使学员能熟练安全地处理开关柜指示灯不亮的故障。

【知识要点】

一、缺陷描述

开关手车指示灯不亮，无法显示设备实际状态。开关柜分闸指示灯不亮。开关位置指示灯不亮、合闸指示灯不亮。开关手车试验/工作位置指示灯不亮。运维人员报“线开关柜上柜门上开关指示灯不亮（线路处于运行）”。

二、缺陷原因

（1）电源侧无电源。

（2）开关柜信号回路电源空开损坏。

（3）二次回路接线松动或者脱落。

（4）指示灯损坏。

【技能要领】

“电源空气开关指示灯正常而开关柜指示灯不亮”缺陷的处理及注意事项（对指示灯不亮）如下：

1. 技术资料的准备

（1）准备好开关柜控制信号回路图、开关柜端子排图等相关图纸。

（2）准备好作业指导书或者工序卡。

（3）根据本次作业内容和性质确定合适的运维检修人员。

2. 工器具、材料准备

准备好工作所需工器具、材料、备品备件等，并带到工作现场。相应的工器具应满足工作需要，材料应齐全。

3. 危险点分析及控制措施

“电源空气开关指示灯正常而开关柜指示灯不亮”的危险点分析及控制措施如表 5-1 所示。

表 5-1　开关柜指示灯不亮的危险点分析及控制措施

序号	危险点	控制措施
1	触电伤害	（1）工作前确认安全措施到位，所有运维人员必须在明确的工作范围内进行工作； （2）工作中应加强监护，防止人体触碰带电部位； （3）调换指示灯前先断开电源空气开关（或熔丝），调换储能空气开关先断开上一级电源
2	误拉空气开关造成设备运行异常	（1）断开断路器状态指示灯电源空气开关前应经监护人确认无误； （2）断开断路器储能电源空气开关上级电源时，应注意对其他运行设备的影响，做好与监控协调工作
3	误碰运行设备造成异常	（1）工作中加强监护，严禁误碰断路器指示灯、储能回路之外的运行设备； （2）用万用表电阻挡检查照明回路时，必须先测量确无交直流电压
4	作业过程中设备监控异常	作业中断开电源前应告知监控

4. 关键工艺质量控制

（1）拆除时记录二次线标号，同时做好防二次线短路措施。

（2）选取的新指示灯安装匹配，安装前，用万用表测量新指示灯电阻值，电阻值满足要求，避免因新指示灯短路接入二次回路后造成直流短路。

（3）新指示灯安装按旧标号接线，接线牢固可靠。

（4）指示灯安装完成后，校验指示灯工作正常。

5. 断路器指示灯更换的作业步骤与工艺要求

（1）核对图纸和断路器设备现场状态，确认相关指示灯情况。

（2）检查断路器状态指示电源空气开关确在合上位置，用万用表直流电压挡测量空气开关上下桩头电压是否正常。如果上桩头电压不正常，检查上一级电源。如果下桩头不正常，上报缺陷，调换空气开关。

（3）直接在端子排测量断路器相关设备状态指示灯两端工作电源是否正常。如果电源不正常，系回路问题，应对照图纸，自电源空气开关下桩头起用螺钉旋具逐点紧固端子接线后再次测量。如电压仍不正常，上报缺陷由检修人员处理。

（4）告知监控班作业要求，短时间断开断路器状态指示灯电源，短时间内设备状态显示不正常。

（5）断开断路器状态指示电源空气开关。

（6）核对所带指示灯备品型号与现场相符后，调换指示灯。

（7）经监护人检查无误后，合上断路器状态指示电源空气开关，检查指示灯工作恢复正常。

（8）清理现场。指示灯更换后应及时清理，确认作业现场无遗留物。

任务五　运维一体化示例——开关柜带电显示器故障处理

【任务描述】

本任务主要介绍开关柜带电显示器常见故障、处理方法及注意事项，使学员能熟练安全地处理开关柜带电显示器故障。

【知识要点】

一、开关柜带电显示器简介

带电显示器通过电压传感器，从高压回路中抽取一定的电压作为显示和闭锁的电源，用于反映开关柜高压取电位置的带电状态，防止误入带电间隔。目前，国内生产、应用广泛的带电显示传感器采用环氧树脂浇装内部高压陶瓷电容器工艺，电压信号由陶瓷电容器取出后输入到显示器的分压小电容，然后由小电容获取的电流对LED供电或者控制强闭锁装置的电磁铁。

带电显示器的类型：

1）提示型（T型）：主要是进行提示或确认设备是否带电，在送电前、运行中、检修中都会起到带电提示作用。

2）强制型（Q型）：通常与五防锁配套使用，除了起到T型的作用外，还能起到在不断电时不能开门操作的强制闭锁功能。带电显示器的接线原理如图5-5所示。

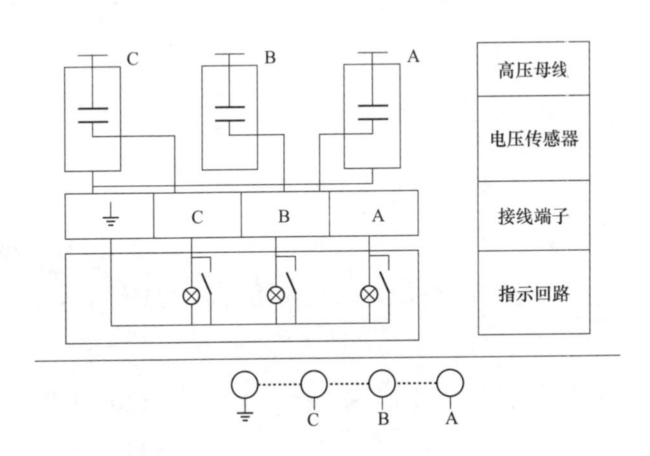

图5-5　带电显示器的接线原理图

二、开关柜带电显示器的技术要求

（1）带电显示装置的显示单元应能提供有无电压状态的清晰可见的显示。

（2）在给定的运行位置上和实际的光照条件下的带电显示应让使用者能清晰可见。

（3）一次设备带电时带电显示器指示灯应常亮。

（4）应具备带电显示器故障诊断功能和带电闭锁功能。

三、开关柜带电显示器常见故障

（1）带电显示器电源回路异常，如带电显示器失去电源，带电显示器电源空气开关异常或熔断器熔断。

（2）带电显示器本身故障。

【技能要领】

开关柜带电显示器故障处理一般无需将相关主设备停电，但是对于运行年限已久的带电显示器，因绝缘不良等问题其电压传感器输出端可能会有高电压，对检修人员存在安全隐患，针对该情况建议停电处理带电显示器故障。

一、开关柜带电显示器消缺的准备工作

（1）确认作业人员掌握消缺作业涉及的范围，通过查阅相关台账、图纸，掌握带电显示器工作回路并明确开关柜、带电显示器参数型号。

（2）根据消缺内容，组织作业人员学习作业指导卡，使作业人员熟悉作业内容、工艺要求、作业标准、安全注意事项等。

（3）提前准备好消缺所需的工器具（万用表）、备品（同型号带电显示器、同级同型号空气开关、熔断器、连接线等）、资料（图纸、带电显示器说明书等）、标示（黑胶布、标签纸、记号笔等）、个人安全防护用品（安全帽、绝缘鞋、纱手套等）。

（4）应根据现场工作时间和工作内容落实工作票，并掌握危险点与控制措施。

二、开关柜带电显示器消缺的危险点预控

（1）作业前仔细核对工作开关柜的位置、本体及周边设备带电情况，防止误碰有电设备。

（2）规范执行现场安全措施，防止误拉其他回路电源空气开关、误碰带电设备，避免造成人身伤害及电源回路短路等。

（3）工作过程中，防止工作人员失去监护，造成触电或误碰、误分合其他装置电源，造成人身伤害、设备损坏。工作负责人严格履行监护职责，控制工作中的危险点，工作班人员在工作负责人或专职监护人的监护下作业。

（4）工作结束后整理好现场的资料、备品，做好现场的卫生清扫工作。

三、开关柜带电显示器消缺的步骤与要求

（1）用万用表检查开关柜带电显示器电源空气开关（熔断器）电源侧电压是否正常。若电源侧电压正常，而负荷侧无电则说明空气开关（熔断器）异常，则应组织更换空气开关（熔断器）。更换过程中，相关拆解后的接线应用记号笔或标签纸做好标记，接线铜芯露出部位应用绝缘胶带包好，防止造成人身触电。更换的空气开关（熔断器）应与原来的空气开关（熔断器）同参数同型号，更换后应按照标记逐一恢复已拆解的回路。若电源侧无电，则逐级排查该电源的上级回路电源，逐一排除上级电源回路的故障。

（2）如电源回路正常，则应检查带电显示器是否存在损坏以及空气开关与带电显示器之间的回路连接线是否正常。如连接线不正常，则调换连接线；如带电显示器损坏，则更换带电显示器。更换连接线时同样应做好标记，并做好裸露铜芯的包裹，更换的带电显示器应与原带电显示器同型号（至少符合空气开关容量），更换后应按照标记逐一恢复原回路。

（3）消缺工作结束后，合上电源，检查带电显示器是否工作正常。如正常，工作结束，如不正常，应联系厂家技术人员再做处理。

（4）做好本次工作的相关记录，清洁工作现场，检查设备状态、安全措施与许可时保持一致。

任务六　运维一体化示例——开关柜局部放电带电检测

【任务描述】

掌握开关柜局部放电带电检测项目的原理、测试方法，并通过对测试

数据的分析，找出开关柜内设备潜在的各类缺陷。

》【知识要点】

一、开关柜局部放电带电检测分类

在开关柜绝缘系统中，各部位的电场强度存在差异，某个区域的电场强度一旦达到其击穿场强时，该区域就会出现放电现象，如果施加电压的两个导体之间并未贯穿整个放电过程，即放电未击穿绝缘系统，这种现象即为局部放电。根据局部放电发生的位置及产生的机理，局部放电可分为电晕放电（尖端放电）、表面放电、内部放电、悬浮放电四种类型。当开关柜内发生局部放电时，会通过电、光、热、声、气体等方式表征出来，通过对这些表征量进行检测，即可实现对开关柜内局部放电的识别。

对于产生的电信号，可以通过暂态地电波传感器、特高频传感器以及高频传感器对其进行检测；对于光现象，部分特定位置的光信号，可以通过观察窗直接看到；对于热现象，可通过红外热成像仪进行检测，但由于开关柜的全封闭结构特征，无法精确定位到内部局部发热位置及发热程度，当柜体整体温度升高时，内部发热可能已经很严重，可在开关柜上装设红外观察窗通过红外观察窗对开关柜内部的发热情况进行观测；对于声信号，可通过超声波传感器进行检测，人耳可直接听到一部分比较严重的放电声。局部放电会使空气电离产生臭氧，当表面放电较严重时，可以直接嗅到。对于早期较微弱的放电，现阶段可通过电信号和声信号的原理进行检测。

二、开关柜局部放电带电检测原理

1. 暂态地电压（波）法（Transient Earth Voltage，TEV）

当开关柜内某部件存在局部放电时，会产生电磁波，该电磁波通过开关柜体金属壳表面的缝隙泄漏出来，在金属壳外面产生持续几纳秒的微弱暂态地电压，可以通过局部放电监测仪（PDM）测量这种暂态地电压信号，从而检测出开关柜内部存在的局部放电信号。

2. 超声波法

当开关柜内某部件存在局部放电时，在产生电磁波的同时，也会伴随着爆裂状的声发射产生超声波，且很快向四周介质传播，通过超声波传感器，将超声波信号转换为电信号，就能对开关柜内的局部放电水平进行测量和定位。常用的超声波传感器有接触式和敞开式两种。接触式超声波传感器在使用时贴在电力设备表面，检测局部放电产生的超声波信号在电力设备表面金属板中传播所感应的振动现象；开放式（敞开式）超声波传感器用来检测放电产生的超声波信号在空气中传播时的振动现象。由于该方法检测的是声音信号，可有效排除现场电信号的干扰。

3. 特高频（Ultra High Frequency，UHF）法

UHF法的基本原理是通过UHF传感器对电力设备局部放电产生的超高频（0.3～3GHz）信号进行检测，从而判断设备局部放电状况，实现绝缘状态的判断，而由于现场干扰主要集中于0.3GHz频段以下，因此UHF法能有效地避开干扰信号，具有较高的灵敏度和抗干扰能力，可实现局部放电带电检测、定位、故障类型判断等。

4. 高频（High Frequency，HF）法

高频传感器一般采用高频磁芯材料做磁芯，磁芯形状可为环状，也可为两个半环经铰链或其他结构形成一个圆环。磁芯上缠绕线圈并串接一个积分电阻。当有局部放电产生的脉冲电流流过高频传感器时，检测回路可以通过耦合在积分电阻上产生一个电压脉冲，从而检测到局部放电。在开关柜的检测中，需将该传感器安装在出现电缆本体或者电缆接地线上进行检测。同时该传感器具有极性效应，可通过此特性对放电信号进行定位。

三、暂态地电压及超声波巡检仪介绍

暂态地电压及超声波局部放电检测法广泛应用于开关柜局部放电带电检测中，通过该测试方法可对开关柜内局部放电进行巡检，并对放电点进行初步定位，目前应用该原理制造的仪器很多，以现场应用较为广泛的EA公司生产的UltraTEV Plus+型巡检仪为例进行介绍，其他厂家的使用

方式基本与此款仪器相同。仪器各接口及相应配件如图 5-6 所示，该巡检仪包括暂态地电压和超声波两种局部放电检测功能。

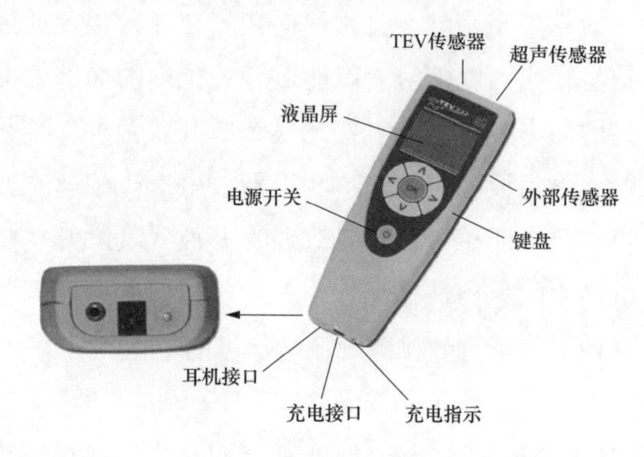

图 5-6 巡检仪及外部接口

在超声波检测模式下，对于位置较高的检测地点，可以插入延伸麦克风探头，以便安全地伸到难接触的地方。如图 5-7 所示，对于更高的位置，需要利用 UltraDish 抛物面聚焦器进行检测。该聚焦器手柄上有按钮作为测量及激光导引开关，打开后会有红色光束射出，光斑指示的点即为测试点，该功能可用于架空线等高处表面放电的检测。

如图 5-8 所示，功能检查器可用来检查装置状态是否良好，选择 TEV 测试模式，发射器贴近 TEV 传感器，观察显示屏上的 TEV 读数；选择超声波测试模式，发射器对着超声波传感器，观察显示屏上的超声读数。

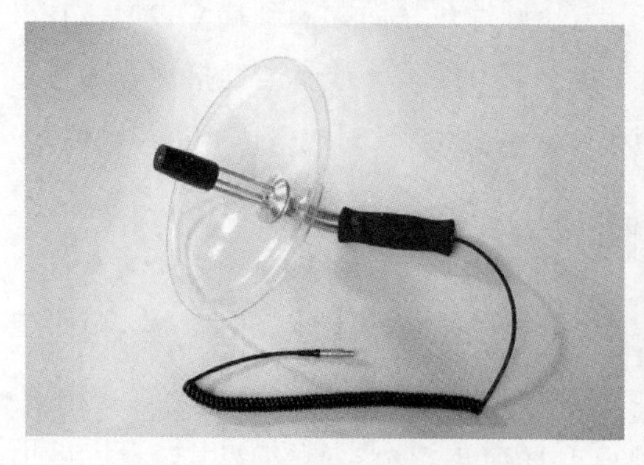

图 5-7 UltraDish 抛物面聚焦器

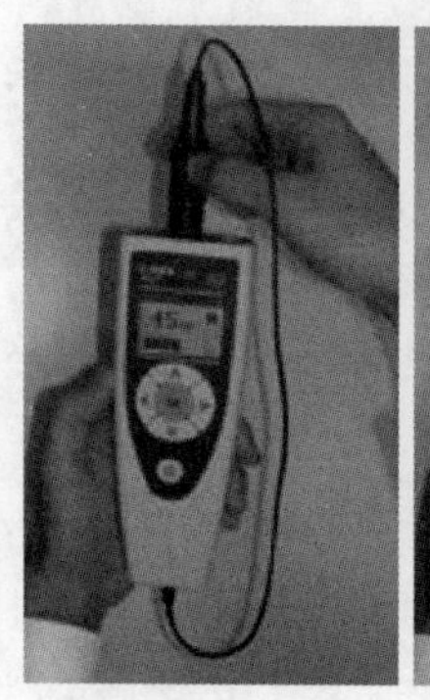

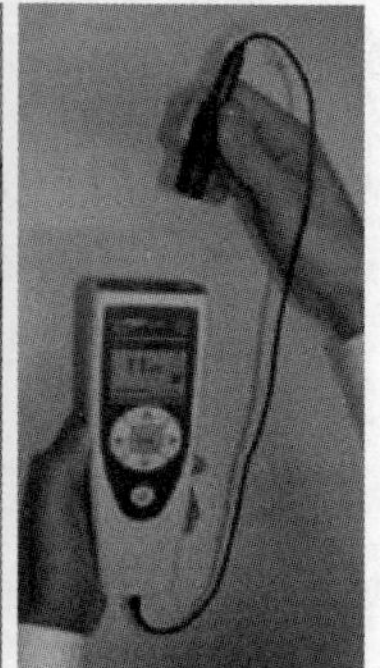

图 5-8 功能检查器

【技能要领】

一、TEV 法

打开巡检仪电源后通过上、下方向键选择 TEV Mode，按下 OK 键进入暂态地电压法检测界面，如图 5-9 所示。

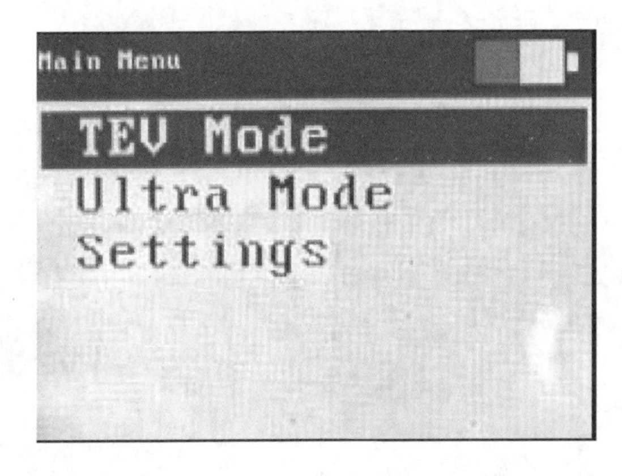

图 5-9 巡检仪主菜单选择界面

测试背景前应先排除或关闭干扰源，如关灯、关闭空调、风机等，然后再进行测试，并在表格中记录。一般情况下，测试金属背景值时，可选择在开关室内远离开关柜的金属门窗上进行测试；测试空气背景值时，可在开关室内远离开关柜的位置，放置一块不接地的金属板，将传感器紧贴金属板进行测试。对于面积较大、柜子面数较多的开关室可多选择几个测点测试背景值。

记录背景值后，即可逐面对开关柜进行检测，一般选取以下几个测点，如图 5-10 所示。检测时以柜子的实际结构为准，每次测量时保证测点不变，以便于与上次的测试数据进行比较分析。

对开关柜进行检测时，传感器应与开关柜柜面贴紧并保持相对静止，待读数稳定后再记录结果，测量方法示意如图 5-11 所示。如有异常需进行多次测量，测试结果记录表格如表 5-2 所示。

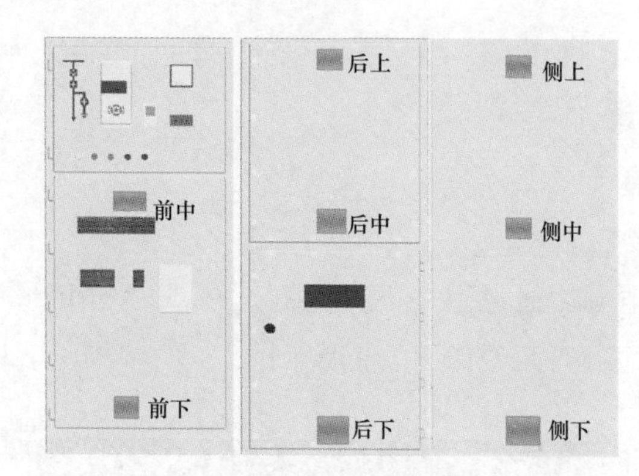

图 5-10　开关柜的测点

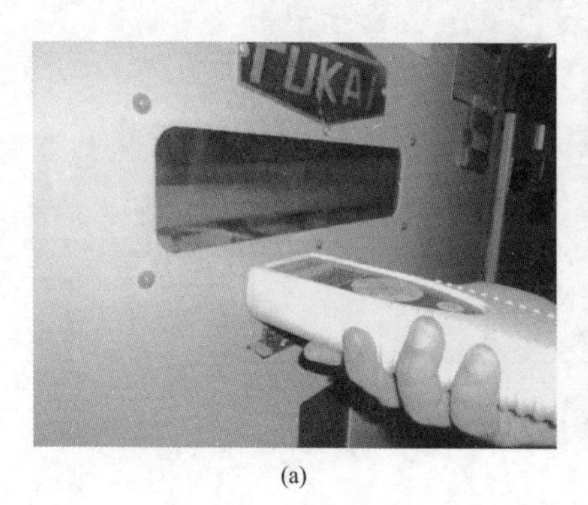

(a)

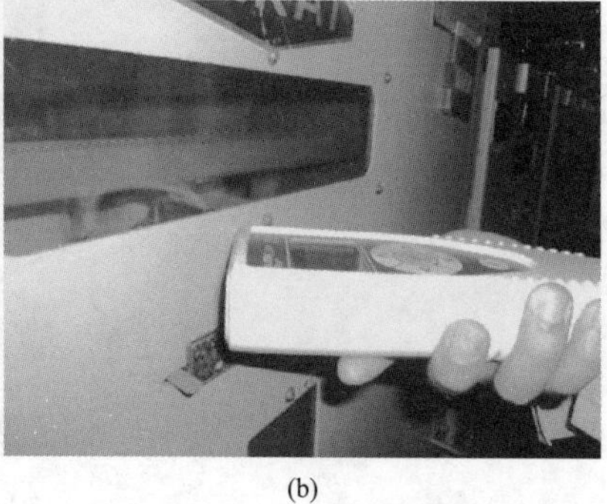

(b)

图 5-11　测量方法示意

(a) 正确测量方法；(b) 错误测量方法

表 5-2　　开关柜 TEV 检测记录表

<table>
<tr><td colspan="3">变电站名</td><td colspan="3"></td><td colspan="4">开关柜母线电线（kV）</td><td colspan="2"></td></tr>
<tr><td colspan="3">检测仪器型号</td><td colspan="3"></td><td colspan="4">检测仪器编号</td><td colspan="2"></td></tr>
<tr><td colspan="2">天气</td><td colspan="2">晴/阴</td><td colspan="2">温度（℃）</td><td colspan="2"></td><td colspan="2">相对温度（%）</td><td colspan="2"></td></tr>
<tr><td colspan="4" rowspan="2">环境背景值</td><td colspan="2">空气（dBmV）</td><td colspan="2"></td><td colspan="2">测试位置</td><td colspan="2"></td></tr>
<tr><td colspan="2">金属（dBmV）</td><td colspan="2"></td><td colspan="2">测试位置</td><td colspan="2"></td></tr>
<tr><td>序号</td><td colspan="2">开关柜编号名称</td><td>前中（dBmV）</td><td>前下（dBmV）</td><td>后上（dBmV）</td><td>后中（dBmV）</td><td>后下（dBmV）</td><td>侧上（dBmV）</td><td>侧中（dBmV）</td><td>侧下（dBmV）</td><td>负荷（A）</td></tr>
<tr><td rowspan="2">1</td><td rowspan="2"></td><td>前次</td><td></td><td></td><td></td><td></td><td></td><td></td><td></td><td></td><td></td></tr>
<tr><td>本次</td><td></td><td></td><td></td><td></td><td></td><td></td><td></td><td></td><td></td></tr>
<tr><td rowspan="2">2</td><td rowspan="2"></td><td>前次</td><td></td><td></td><td></td><td></td><td></td><td></td><td></td><td></td><td></td></tr>
<tr><td>本次</td><td></td><td></td><td></td><td></td><td></td><td></td><td></td><td></td><td></td></tr>
</table>

续表

<table>
<tr><th>序号</th><th colspan="2">开关柜编号名称</th><th>前中（dBmV）</th><th>前下（dBmV）</th><th>后上（dBmV）</th><th>后中（dBmV）</th><th>后下（dBmV）</th><th>侧上（dBmV）</th><th>侧中（dBmV）</th><th>侧下（dBmV）</th><th>负荷（A）</th></tr>
<tr><td rowspan="2">3</td><td rowspan="2"></td><td>前次</td><td></td><td></td><td></td><td></td><td></td><td></td><td></td><td></td><td></td></tr>
<tr><td>本次</td><td></td><td></td><td></td><td></td><td></td><td></td><td></td><td></td><td></td></tr>
<tr><td rowspan="2">4</td><td rowspan="2"></td><td>前次</td><td></td><td></td><td></td><td></td><td></td><td></td><td></td><td></td><td></td></tr>
<tr><td>本次</td><td></td><td></td><td></td><td></td><td></td><td></td><td></td><td></td><td></td></tr>
<tr><td rowspan="2">5</td><td rowspan="2"></td><td>前次</td><td></td><td></td><td></td><td></td><td></td><td></td><td></td><td></td><td></td></tr>
<tr><td>本次</td><td></td><td></td><td></td><td></td><td></td><td></td><td></td><td></td><td></td></tr>
<tr><td rowspan="2">6</td><td rowspan="2"></td><td>前次</td><td></td><td></td><td></td><td></td><td></td><td></td><td></td><td></td><td></td></tr>
<tr><td>本次</td><td></td><td></td><td></td><td></td><td></td><td></td><td></td><td></td><td></td></tr>
<tr><td colspan="2">数据分析结果</td><td colspan="10">正常□　异常□　情况描述：________</td></tr>
<tr><td colspan="3">测试人员签名</td><td colspan="3">姓名：
日期：</td><td colspan="3">核人员签名</td><td colspan="3">姓名：
日期：</td></tr>
</table>

对于高背景读数，即背景值大于20dB时，高水平噪声可能会遮盖开关柜内的放电，使测量值受到影响。如果可能，应该消除外部干扰源再重新测试，或使用局部放电监测仪以识别开关柜中的任何放电。

如果开关柜和背景参考的所有读数都小于20dB，没有重大放电，每年一次重新检查即可。

对于开关柜读数比背景水平高10dB，读数大于20dB，且放电计数值高于50的，开关装置内放电严重，可使用PD定位器或PD监控器实施进一步检测。

当读数的计数率大于1000，一般认为在该区域中可能有背景电磁干扰。如果读数大于20dB，则建议安装一个局部放电监测仪来识别外部电磁活动。同时表面放电可能会产生高的计数率，如果是这样，则会存在超声波信号并可用超声波检测法来检测到，否则认为是干扰。

二、超声波法

打开电源后通过上、下方向键选择Ultra Mode，按下OK键进入超声波法检测界面。首先测试环境中的背景值，并在表格中记录。一般情况下，测试空气背景时，可在开关室内远离开关柜的位置，选择多个测点进行检测，并分别记录测试位置及背景值。

测试时，应该将超声波传感器指向开关柜（尤其是断路器的断口、充气式电缆盒、电压互感器以及母排室）上的任何空气间隙。当出现背景以上的超声波值时，要引起关注，但是并不是超过背景值的即判断为存在局部放电信号，真正的放电需要根据耳机中发出的嗞嗞声（犹如煎锅中发出的声音）来识别。只有具有放电声音特征的信号才有意义。当要检测的位置过高或不符合安全要求时可采用UltraDish超声波聚焦器进行检测。

暂态地电压测试方法及超声波检测方法各有特点。当设备表面产生局部放电现象时，所产生的电磁波频率较低，TEV信号比内部放电要弱很多，现场常用的TEV测试设备无法获取该局部放电的有效数据。但是，设备表面放电和电晕放电通常会有较强的超声波异常信号。

当设备内部产生局部放电的现象时，放电电量聚集在接地屏蔽层内表面。由于放电通常发生在绝缘部位、垫圈连接处、电缆绝缘终端等部位，因此会产生不连续的电量分布。高频的电磁信号得以传输出设备外层，同时在开关柜金属表面产生一个暂态的对地电压，该电压信号可以通过电容耦合式传感器测量到。而局部放电产生的声波信号由于在介质中发生较强的衰减，通常无法测量到。

因此，在对设备进行局部放电检测时，两种检测方法均要进行巡检，以达到优势互补，不遗漏任何一种可能存在的放电。同时也可利用两种检测方式对不同放电类型的灵敏性进行初步判断。

三、高频及特高频法

当开关柜内存在局部放电信号时，局部放电信号会以电磁波的形式在空间向外辐射，当开关柜上存在空隙时，电磁波可穿透开关柜辐射至外部，此时可通过特高频传感器进行检测。同时，局部放电脉冲信号也会沿着电缆向外传导，此时可利用钳形高频传感器钳在出线电缆本体或者外屏蔽接地线上进行检测。如果可以在三相分开处进行带电检测，还可以利用高频传感器的极性效应对局部放电发生的相别进行判断。

特高频传感器的检测频率很高，可避开现场绝大部分的干扰，但是该检测方法无法对放电量进行评估，不能判断局部放电的剧烈程度。对于高频法，可以判断局部放电的激烈程度，但很容易受到来自外部的各种干扰，因此可以综合两种检测方式的优缺点，综合应用。

【典型案例】

1. 案例描述

某供电公司在对某220kV变电站35kV开关柜进行局部放电带电检测时，发现35kV开关柜局部放电量较大，通过暂态地电压、超声波以及超高频多种局部放电测试方法联合检测并对局部放电点进行了定位，最终确定了放电位置。停电检查发现动触头呈绿锈，且有烧灼痕迹。断路器上、下动触头间绝缘套管上有水珠和烧灼痕迹。静触头绝缘套管内壁有烧灼痕迹和水滴。

2. 过程分析

某供电公司在对220kV某变电站进行综合带电巡检，利用超声波及暂态地电压测试方法对35kV开关柜进行局部放电带电检测时，发现测试数据均有异常。当天暂态地电压测试背景值为15dB，超声背景值为−5dBμV，各开关柜暂态地电压均为17～19dB，未见明显增大。而35kV母分开关前柜门超声数值为20dBμV，后柜门超声数值为12dBμV，其余开关柜超声数据均正常，初步怀疑母分开关柜处有放电信号。

现场运行情况Ⅰ段母线和Ⅱ段母线均运行，母分开关断开。巡检使用的仪器为UTP1型便携式局部放电测试仪，检测带宽3～60MHz，测量范围0～63dB。

因超高频传感器具有更好的抗干扰能力，为了排除从地线等位置窜入的干扰的影响，利用超高频传感器对局部放电信号进行进一步测试，测试点为开关柜下方观察窗处。测试设备为PDS-600M UHF传感器，并通过FLUKE 19xC/2x5C型示波器对信号进行观测，结果也明显发现放电信号。

由于仅该母分开关柜处有明显的超声信号，其余的柜子暂态地电压和超声波测得的信号均正常，因此，可判断为母分开关柜处存在放电现象。

因母分开关处于分闸位置，母分开关改检修拉出柜外检查发现母分开关动触头有绿锈且有烧灼痕迹，如图 5-12 所示。

(a)

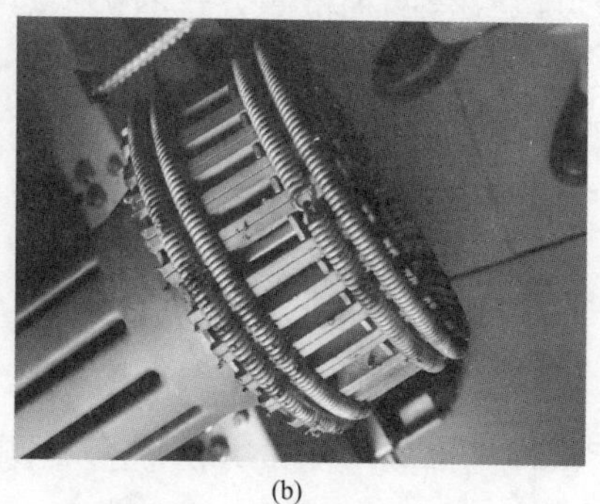

(b)

图 5-12 母分开关动触头检查现象

(a) 母分开动触头锈蚀严重；(b) 母分开关触头烧蚀痕迹

如图 5-13 所示，断路器动触头间绝缘套管上有水珠和烧灼痕迹。如图 5-14 所示，静触头绝缘套管内壁有烧灼痕迹和水珠。

图 5-13 动触头间绝缘套管有水珠和烧灼痕迹

图 5-14 静触头间绝缘套管有水珠和烧灼痕迹

经分析，上述锈蚀和放电情况是由于设备运行环境较为潮湿，湿度过大引起的，对母分开关绝缘件进行更换后，超声局部放电和暂态地电压测试数据恢复正常。但是通过本次检测，发现该开关室柜内设备受潮问题较为严重，2013年投运的设备在不到两年已发生此种放电现象，在后续工作中需进一步加强局部放电跟踪检测，同时建议对设备受潮的情况进行排查和处理，以免类似情况再次发生。

3. 防控措施

（1）开关柜暂态地电压与超声波测试能有效发现开关柜内部的绝缘缺陷，但测试数据受开关柜负荷、温湿度以及背景噪声的影响，因此一旦发现有疑似缺陷应安排跟踪监测，进行综合分析判断。

（2）采用暂态地电压和超声波测试方法在对开关柜局部放电进行检测各有其局限性，对部分放电类型不敏感，如本文中的放电信号，暂态地电压测试未见异常而超声波测试时有明显的放电信号，因此，在对局部放电进行普测时一定要两种测试方法同时进行，且针对现场的具体情况，灵活搭配运用多种检测手段，充分利用各种检测手段的优势，增加诊断的可靠性、准确性。

（3）运行中需关注设备所处的运行环境，当设备运行环境湿度过大时，需加强对设备的监测，并采取降低环境湿度的方式来改善设备的运行环境。

项目六

开关柜二次回路检查

【项目描述】

本项目包含开关柜主要二次回路的原理和检查方法。通过了解开关柜二次回路的工作原理，掌握开关柜主要二次回路故障的检查方法，并熟悉开关柜配置的继电保护装置相关知识。

任务一　开关柜二次回路原理

【任务描述】

本任务主要介绍开关柜二次回路的基本概念，详细介绍控制信号回路、储能回路、闭锁回路、电流电压回路、凝露和带电显示装置控制回路的原理。

【知识要点】

开关柜二次回路是由互感器的二次绕组、测量监视仪器、继电保护装置、断路器操动机构等通过控制电缆组成的电路，用以控制、保护、调节、测量和监视一次回路中参数和元件的工作状况，并控制一次系统的运行。当一次回路发生故障时，二次回路的继电保护装置迅速动作，将故障部分分离，并发出信号，保证一次设备安全、可靠、经济、合理地运行。

1. 开关柜二次回路构成

（1）开关柜控制信号回路（见图 6-1）：包括用于对配电装置中断路器进行分合闸操作的按钮等电器，断路器的位置信号灯、主控制室中用于反映电气设备状态的中央信号装置等。

（2）开关柜储能回路：实现断路器机构弹簧储能，由储能电源、弹簧接点、储能电机组成。

（3）闭锁回路：包括合闸闭锁回路、开关柜后门闭锁回路、电容器开关网门闭锁手车等。

（4）电流、电压回路：主要由电流互感器、电压互感器、电压表、电流表、功率表和电能表等仪表构成，用来监视、测量电路的电压、电流、功率、电能等。

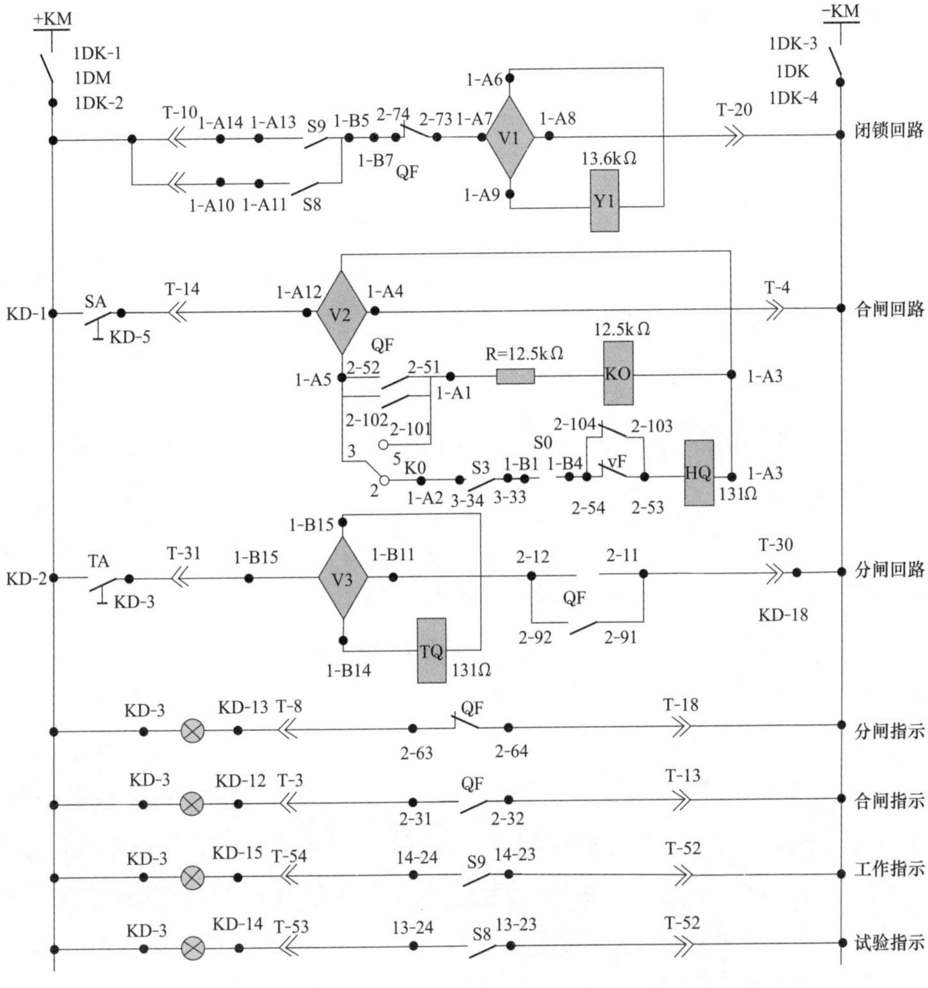

图 6-1 VS1 型断路器二次回路原理图

（5）凝露和带电显示装置控制回路：由温湿度控制器、加热器等组成。

2. 开关柜控制回路的设计要求

（1）开关柜操动机构中的分、合线圈是按短时通电设计的，故在分、合闸完成后应自动解除命令脉冲，切断分、合闸回路，以防分、合线圈长时通电而烧坏。

（2）无论开关柜是否带有机械闭锁，都应具有防止多次分、合闸的电气防跳措施。

（3）开关柜应既可以用控制开关进行手动分闸与合闸，又可以由继电保护和自动装置自动分闸与合闸。

（4）开关柜的控制回路应有短路保护与过负荷保护，同时还应具有监视控制回路完好性的措施。

（5）应有反映开关柜状态的位置信号和自动合、分闸的信号。

（6）对于采用弹簧操动机构的开关柜，应有弹簧是否拉紧到位的监视回路和闭锁回路。

【技能要领】

1. 合闸分闸回路

假定断路器在合闸状态，断路器辅助接点 QF 动合触点闭合。当保护装置发跳闸命令，TJ（见图 6-9）闭合时，正电源通过跳闸继电器接点、压板、断路器辅助触点、跳闸线圈，与负电源构成回路。跳闸线圈 TQ 励磁，断路器跳闸。合闸过程同理。断路器分闸到位后，QF 动合触点断开跳闸回路。QF 动断触点闭合，为下一次操作对应的合闸回路做好准备。利用 QF 动合触点断开跳闸电流，一是为了防止 TJ 粘连造成 TQ 烧坏（因为 TQ 的热容量是按短时通电来设计的）；二是因为如果由 TJ 来断开合闸电流，由于 TJ 触点的断弧容量不够，容易造成 TJ 触点烧坏（HJ 也是一样的道理），这就为下一次保护跳闸（或合闸）埋下了隐患且不易被发现。

（1）合闸操作。断路器进行合闸操作时，须满足以下条件：即断路器在分闸状态、手车开关在试验或工作位置、操动机构处于储能状态。当接到合闸指令时，合闸回路（见图 6-2）由正电源→控制电源开关 1OK→合闸按钮 SA→断路器二次插头→桥整流器 V2→防跳继电器动断触点→合闸闭锁触点 S3→断路器辅助触点 QF→储能辅开关触点 S0→合闸线圈 HQ→断路器二次插头→控制电源开关 1DK→负电源接通，合闸线圈励磁，使断路器合闸。断路器合闸后，断路器辅助触点进行切换，使合闸回路断开，分闸回路接通，等待下次分闸命令。

（2）分闸操作。断路器进行分闸操作时，分闸回路（见图 6-3）由正电源→控制电源开关 1DK→分闸按钮 TA→桥整流器 V3→分闸线圈 TQ→控制电源开关 1DK→负电源接通，分闸线圈励磁，使断路器分闸。断路器分闸后，断路器辅助触点进行切换，使分闸回路断开，合闸回路接通，等待下次合闸命令。

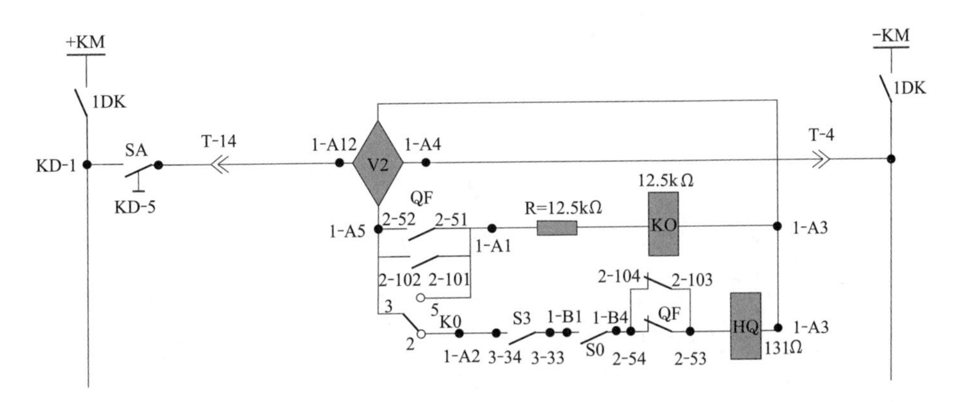

图 6-2 VS1 型断路器合闸回路

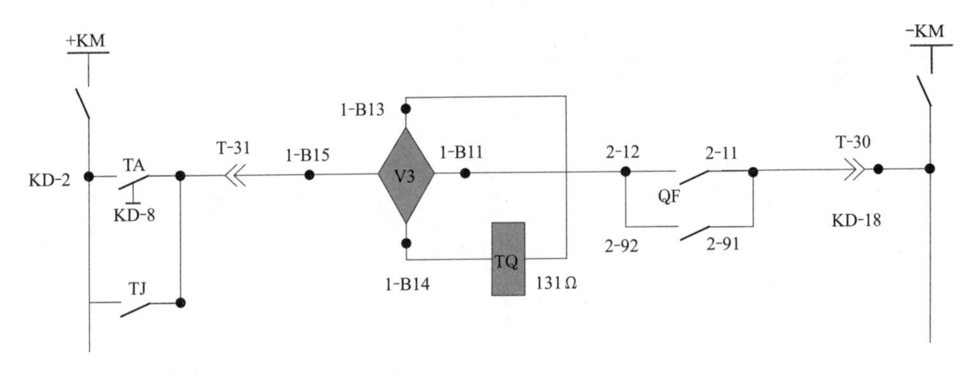

图 6-3 VS1 型断路器分闸回路

（3）合闸闭锁控制。断路器的闭锁回路包括手车开关位置闭锁和弹簧未拉紧闭锁回路。当手车开关处于试验或工作位置时，S8、S9 触点均处于断开位置，合闸闭锁线圈 Y1 失磁，其触点 S3 断开，切断合闸回路，实现合闸闭锁。当合闸弹簧未接紧时，储能辅助开关 S0 的动合触点断开，切断合闸回路，实现合闸闭锁。

（4）防“跳跃”回路控制。当断路器合闸到故障设备或线路时，由于继电保护动作作用于断路器，使断路器分闸，而合闸按仍在合闸位置或接点卡涩，优先使防跳继电器励磁，其触点 K0 断开，切断合闸回路，防止断路器出现多次合、分现象。

（5）信号回路。手车开关内部的信号主要有三类，即手车开关的位置信号、断路器操动机构的储能信号和断路器分合闸状态的位置信号。这些信号分别由位置信号辅助开关 S8（或 S9）、储能辅开关 S1 和断路器辅助开关 QF 等的触点接通和断开而确定。

2. 储能回路

如图 6-4 所示，储能回路由储能辅助开关触点，桥整流器和储能电动机 M 构成，当储能回路施加交直流电源且开关未储能的状态下（即储能辅助开关触点的动断触点接通），储能电动机 M 运转，带动储能机构储能。当储能完毕后，由储能辅助开关的触点切换，储能辅助开关触点的动断触点断开，切断储能电机回路。

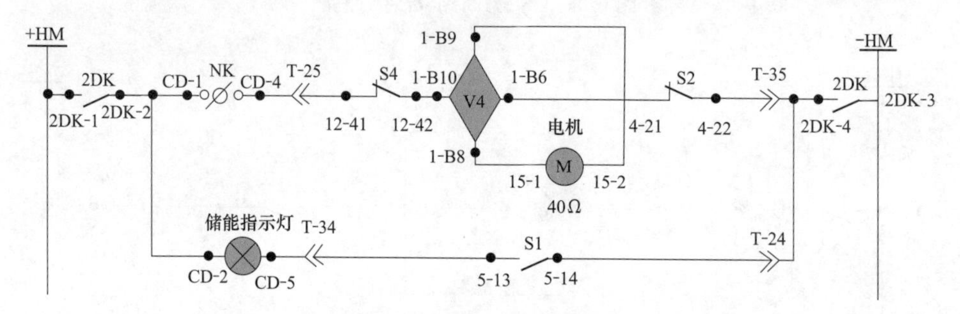

图 6-4　VS1 型断路器储能回路

3. 闭锁回路

如图 6-5 所示，断路器配有一个合闸闭锁回路，它由一个手车行程开关控制，当手车处于试验位置、运行位置以外的位置时，S8 试验位置微动开关、S9 工作位置微动开关断开合闸回路，这是开关柜的常见的电气闭锁。开关柜的电气闭锁还有许多，例如带电不能打开开关柜后门、电容器组网门闭锁手车等。

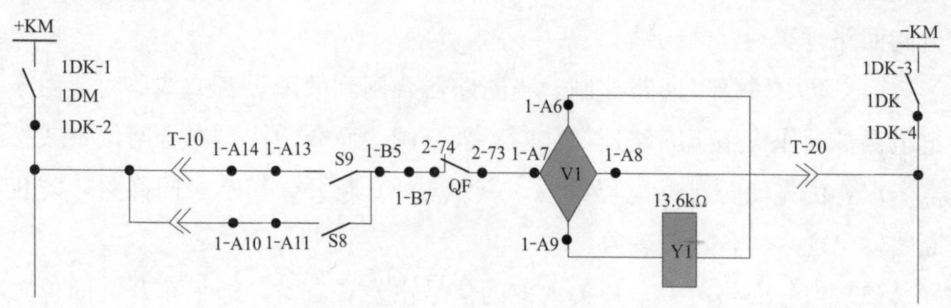

图 6-5　VS1 型断路器闭锁回路

4. 电流电压回路

电流回路是电流互感器二次绕组至保护装置、测控装置、计量电度表的回路。电压回路是电压互感器二次绕组至电压小母线，然后分接到各保护装置、测控装置、计量电度表的回路。

(1) 电流互感器的配置。35kV或10kV开关柜属于小电流接地系统，按要求应配置二相或三相电流互感器。根据被测电流大小，选择合适的电流互感器变比，否则误差将增大。同时，电流互感器二次侧一端必须接地，以防绝缘一旦损坏时，一次侧高压窜入二次低压侧，造成人身和设备事故。

(2) 电流互感器的极性。在交流回路中，电流的方向是随着时间不断发生变化的。但是，可以假定在某一瞬间，一次绕组的两端必定有一个是电流流入、另一个是流出，二次绕组感应产生的电流也同样有一个流入、一个流出。所谓电流互感器的极性就是指它的一次绕组和二次绕组间电流方向的关系。按照规定，电流互感器一次绕组的首端标为L1，尾端标为L2；二次绕组的首端标为K1，尾端标为K2。在接线中，L1和K1称为同极性端，L2和K2也为同极性端。

当电流互感器一、二次绕组同时在同级性端子通入电流时，它们在铁芯中产生的磁通方向相同，这样的电流互感器极性标志称为减极性。常用的电流互感器一般都是减极性。

(3) 电流互感器的准确度级。电流互感器的准确级是指在规定的二次负荷变化范围内，一次电流为额定值时的最大电流误差。电流互感器根据测量误差的大小可划分为不同的准确级。

保护用电流互感器的准确级以该准确级在额定准确限值一次电流下所规定的最大允许复合误差百分数标称，其后标以字母P表示保护。保护用电流互感器的标准准确级有5P和10P。5P表示该绕组的复合误差≤±5%，10P表示该绕组的复合误差≤±10%。

对于0.1、0.2、0.5级和1级测量用电流互感器，在二次负荷欧姆值为额定负荷值的100%时，其额定频率下的电流误差分别不超过0.1%、0.2%、0.5%、1%。

(4) 开关柜的交流电流回路如图 6-6 所示。

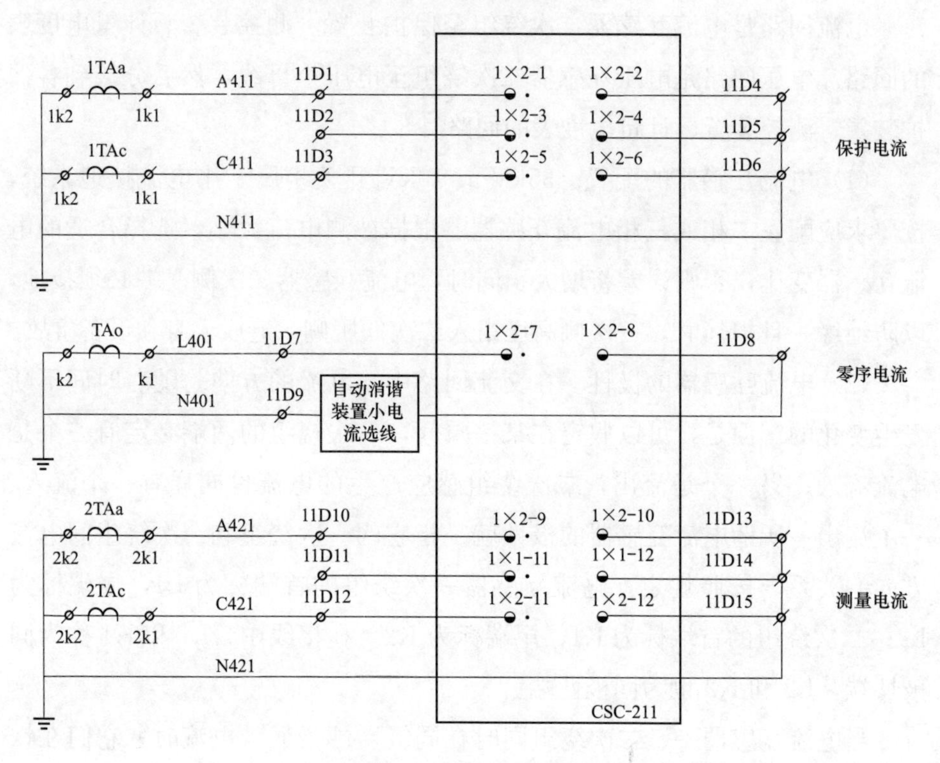

图 6-6 交流电流回路

(5) 开关柜的交流电压回路如图 6-7 所示。

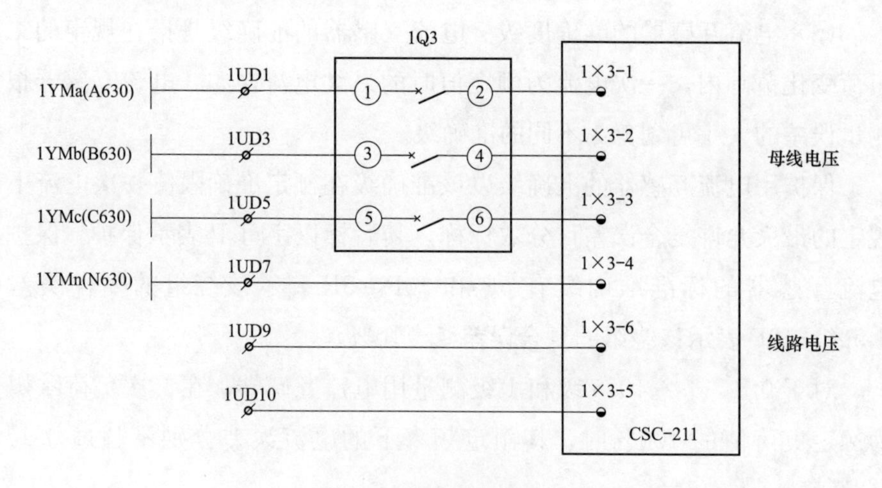

图 6-7 交流电压回路

5. 凝露和带电显示装置控制回路

凝露和带电显示装置控制的工作原理（如图 6-8 所示）：当空气开关 ZK3 合上时，断路器室和电缆室加热器 KS 带电，主要是防止在高湿度或温度变化较大的环境中产生凝露。带电显示器是通过线路上的带电传感器和工作电源来控制的，ZK3 合上后，当线路带电时，带电显示器 DS 显示带电，其触点断开，使接地刀闸合闸闭锁线圈失磁，防止线路带电时合接地刀闸。

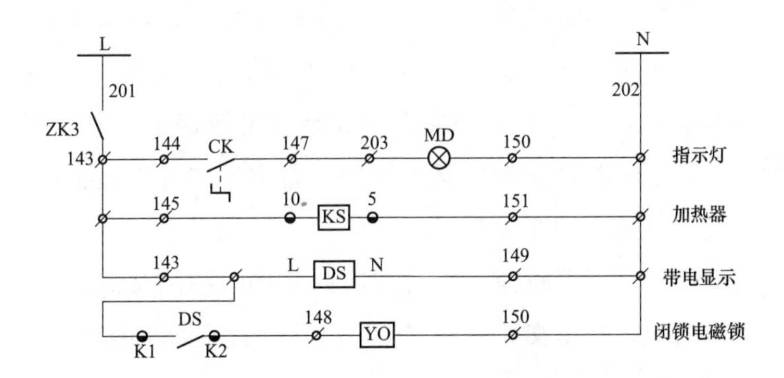

图 6-8 凝露和带电显示装置控制回路

任务二 开关柜二次回路检查方法

【任务描述】

本任务主要介绍开关柜二次回路的检查方法，为二次回路故障检查现场提供标准化的作业步骤和技术要求。

【知识要点】

1. 开关柜二次回路电气故障的分类

（1）电源故障：电源故障主要有缺电源、电压频率偏差、极性接反、相线和中性线接反、电源缺相、相序改变、交直流混淆等。

（2）电路故障：电路故障主要有断路、短路、短接、接地、线路错误等。

(3) 设备和元件故障：设备和元件故障主要有过热烧毁、机械故障、电气击穿、性能变劣等。

2. 二次回路识图方法

常用的继电保护接线图包括继电保护的原理接线图、二次回路原理展开图、施工图、盘面布置图。若想熟练掌握二次回路，就有必要了解识图的顺序、步骤等基本方法和原则。

(1) 先看一次，后看二次。其中一次是指变压器、隔离开关、互感器等一次设备。在了解一次设备性质、结构的基础上，思考一、二次设备间的配置和转换关系，如变压器一般需要加装过电流保护、电流速断保护、过负荷保护等，了解各种保护的基本原理，着重理清各类装置的输入、输出量及其用途、性质、相互关系等。

(2) 先看交流，后看直流。先看二次回路接线图的交流回路，以及电气量的变化的特点，再由交流量的“因”查找出直流回路的“果”。一般交流回路较简单。

(3) 交流看电源，直流找线圈。交流回路一般从电源入手，包含交流电流、电压回路两部分。先找出由哪个电流互感器或哪一组电压互感器供电（电流源、电压源），变换的电流、电压量所起的作用，它们与直流回路的关系、相应的电气量由哪些继电器反映出来。

(4) 线圈对应查接点，接点连成一条线。找出继电器的线圈后，再找出与其对应的接点所在的回路，一般由接点再连成另一回路；此回路中又可能串接有其他的继电器线圈，该继电器对应的接点又接至其他回路中，直至完成二次回路预先设置的逻辑功能。

(5) 上下左右顺序看，屏外设备接着连。该方法主要针对展开图、端子排图及屏后设备安装图。原则上应按照由上向下、由左往右的逻辑顺序进行，同时结合屏外的设备一起看。

3. 二次回路查找故障的一般方法

二次回路的逻辑性很强，检查回路时须遵循一定的规律。首先应清楚图纸上各元器件的动作原理及其功能，再根据不同的回路特性选择不同的测试仪器，如电压回路一般用万用表测量电位，电流回路一般用钳形相位表测量电流。然后，根据情况改变回路部分接点的状态，如由分到合或由合到分，查看各元器件的动作变化，判断是否正常。查找步骤可按如下顺序进行：

（1）根据故障现象结合图纸分析原因，从而确定检查处理的顺序和方法；

（2）保持原状，先进行外部检查，以防有些接触不到位的故障容易在检查过程中消失，不易再检查；

（3）有针对性地对出故障可能性大、容易出问题、常出问题的薄弱点进行检查；

（4）判断准确范围后，尝试不断缩小范围。测量过程中要根据结果和现象正确进行分析判断，直至准确无误地查找出故障点。

【技能要领】

二次回路中发生断线故障时使用仪表查找不通点很有效、很准确。一般用万用表来检查测量，主要有测导通法、测电压降法和对地电位法三种。测导通法必须先断开回路的电源，而测电压降法和对地电位法可带电测量。

1. 测导通法

这种方法是利用万用表的欧姆挡测量电阻来查找二次回路不通的故障。测导通法必须先断开回路的电源，否则会烧坏表计。测导通法是通过测量某两点之间的电阻值来判断故障点。接触良好的接点，其两端电阻值应是零；严重接触不良时有一定的电阻；未接通的接点，其两端电阻无限大。对于回路中的电流线圈，其电阻值几乎为零；对于回路中的电压线圈和电阻元件，其阻值应和标称值一致。例如：主变压器控制回路中，开关在合闸时，红灯不亮。原因是 1HWJ 接点接触不良。处理时，可按照有无线松脱→灯泡是否烧→熔丝是否熔断→电阻 R 有无烧断线→接点 1HWI 是否接触不良的顺序进行检查。拔掉控制熔丝，在回路不带电时，用万用表的电阻挡测量。

2. 测电压降法

该方法是借助万用表的电压挡来测量回路中各元件的电压降，并注意表计的量程要稍大于电源电压。对于导通状态下的回路，接触良好接点两端的电压降应为零，若不为零则表明接点接触不良，但若显示为电源电压，则表明回路未接通。不同元件上的电压降也不同，其中电压线圈、电阻元件两端应有一定的电压降，而电流线圈两端电压则几乎为零。当回路中仅有电压线圈而不串联电阻时，电压线圈两端的电压应接近于电源电压，但如果线圈两端电压正常而继电器不动作，则说明线圈断线。

3. 测对地电位法

此方法一般用来查找直流二次回路故障。测量前，应先分析被测量回路各点的对地电位，再测量检查；然后，将所测量的值及极性与理论分析进行比较，判断故障点。若所测的值和极性与分析的相同或误差不大，表明各元件良好；若与分析相反或误差很大，表明该部分有问题。某点的电位为零，说明该点两侧都有断开点。例：35kV 电压互感器二次回路中，因空气开关 1KK 接触不良，造成三相电压不平衡。处理时，要测量/KK 的两端对地电压来确定故障。用万用表的交流电压挡，黑表笔接在端子排的 N600 处，红表笔接在 1KK 的电源端 A601 处，如测得电压为 67V 左右，说明一次设备正常，将红表笔接在 1KK 的负荷端 A602 处，如测得电压为 67V 左右，说明 1KK 接触良好，如电压为 0 或很低，说明 1KK 接触不良。例：35kV 母线发“母线接地”信号，要求测量母线电压互感器开口三角电压。应选用万用表得交流电压挡，黑表笔接在端子排的 N600 处，红表笔接在端子排的 L601 处，测得电压会大于 30V。

【典型案例一】 控制回路断线

1. 案例描述

某开关柜间隔保护测控装置报“控制回路断线”告警，监控后台“控制回路断线”光字牌常亮，开关红绿指示灯不亮，如图 6-9 所示。

2. 过程分析

引起开关柜间隔控制回路断线的主要原因有操作箱插件坏、二次回路故障、开关机构箱内元器件损坏等。

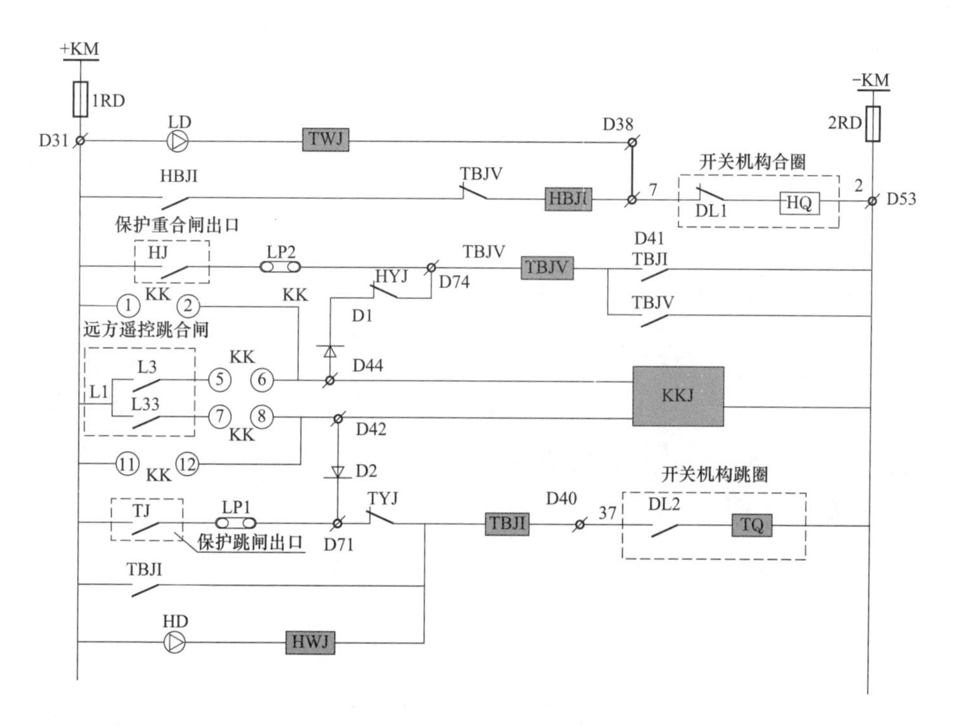

图 6-9　二次控制回路

按以下步骤进行测试判断：

（1）有控制回路断线硬接点信号采集时，测量其输入，以确定报警信号是否真实存在。

（2）若报警接点动作，测试控制回路分闸点 37 和合闸点 7 的电位，分合闸回路电位正常，则可以判断保护测控装置插件故障。

（3）若分合闸回路电位不正常，则继续在开关机构箱内测量，机构箱内分合闸回路电压正常，可以判断是二次回路故障，否则可以判断为机构箱内元器件损坏。机构箱内元器件损坏包括断路器位置辅助接点故障、分合闸线圈烧毁、分合闸至线圈接线松脱、储能机构未储能等原因。

3. 结论建议

开关柜间隔“控制回路断线”告警信号，由间隔操作箱内 HWJ（合位继电器）动断接点与 TWJ（跳位继电器）动断接点串联而成的一个位置信号，反映了开关在运行位置（合位）时，不能实现分闸功能。在出现“控制回路断线”告警时，开关柜间隔遇到设备故障时，开关将不能正确跳闸，扩大停电范围。

处理时的安全要求：一般情况下需将开关改为冷备用状态；若能确认控制回路正常（仅为信号回路异常），则可以不改一次设备状态进行处理。

【典型案例二】 电流回路开路

1. 案例描述

保护装置报“电流回路异常”或“电流回路断线”。开关柜内端子排出现电流端子烧焦痕迹，出现冒烟或有异味。

2. 过程分析

电流回路断线或电流回路异常告警的故障原因主要有二次回路、交流变换插件、采样模块、电流互感器本体故障等。

按以下步骤进行测试判断：

（1）对保护装置背板电流输入线用钳形电流表进行测试，若钳形表显示正常而保护装置显示不正常，则可以判断为装置内部（交流变换插件、采样模块）故障。

（2）若钳形表显示不正常，则进一步到端子箱处用钳形表测试，电流显示正常则可以判断问题在二次回路上。这时应检查保护装置电流端与开关端子箱端子排之间电流端子排连接片、连接电缆、配线、接地等是否有明显的松动、绝缘破损和是否存在多点接地等情况。

（3）若保护装置和二次回路检查及测量均正常，则可能是电流互感器本体故障。对于电流互感器本体侧及端子箱至本体侧电缆回路故障，需停用此电流互感器后方可进行检查，一般查看电流互感器二次输出端子及二次接线外观，再做变比试验，如果无输出或变比不对，则应更换电流互感器。

3. 结论建议

电流回路的检查和处理应遵循现场工作规章制度，必须做好安全措施，保证人身和设备安全。防止运行中的电流回路开路，并且保证电流回路不失去接地点；断开电流回路连片时须先短后断，如果处理时导致电流互感器侧失去接地点时，应增设临时接地点（但要确保所有回路一点接地），并在作业完成后及时拆除。为了保证设备安全运行，在短接或断开电流回路前，必须退出与其有关的保护，在电流回路未恢复正常时，禁止投入相关保护。为了保证人身安全，作业人员应站在绝缘垫上工作。

【典型案例三】 储能回路的检查

1. 案例描述

保护装置报“弹簧未储能”信号，同时开关柜上储能指示灯不亮，如此时开关处于分闸状态，则同时会报“控制回路断线”信号，如图 6-10 所示。

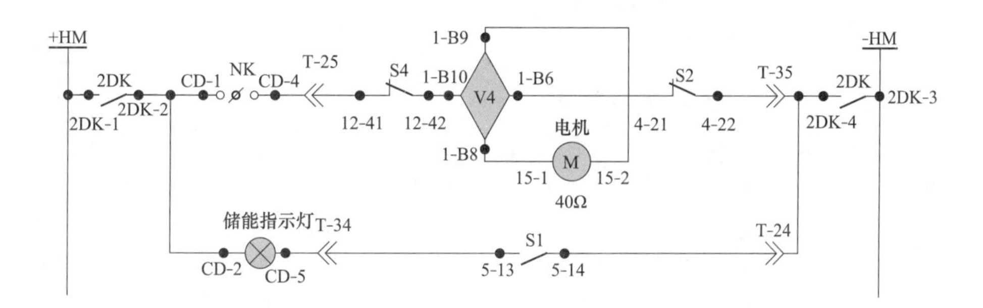

图 6-10 断路器机构储能回路

2. 过程分析

引起开关柜间隔弹簧未储能的主要原因有电源故障、储能回路故障、储能电机损坏等。

按以下步骤进行测试判断：

（1）在保护测控装置回路上测量“弹簧未储能”硬接点输入，以确定报警信号是否真实存在。

（2）若报警接点动作，测试电源回路电源是否正常，是否存在交直流混用或交叉使用，电源空开是否正常。

（3）若储能电源正常，则继续测量储能回路上的各个接点电位，判断是否是储能接点出现接触不良等故障。

（4）以上测试均正常，则可能是整流模块或储能电机损坏。

3. 结论建议

开关柜间隔“弹簧未储能”告警信号，说明开关不具备合闸或重合闸能力。如开关柜间隔遇到设备故障时，开关将跳闸动作后将不能自动重合闸。

处理时的安全要求：一般情况下需将开关改为冷备用状态；若能确认储能回路正常（仅为信号回路异常），则可以不改一次设备状态进行处理。

【典型案例四】 开关柜闭锁回路

1. 案例描述

保护装置报“控制回路断线”信号，开关状态显示器上，无法正常显示开关分合状态。同时操作开关合闸操作时，开关无法合闸，如图 6-11 所示。

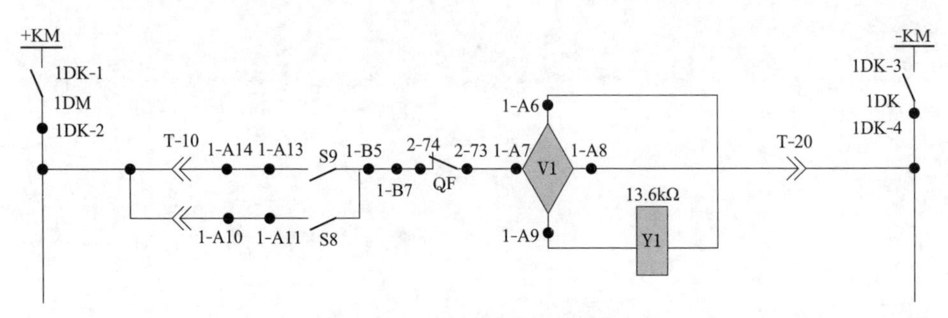

图 6-11 断路器机构闭锁回路

2. 过程分析

引起开关柜闭锁的主要原因有试验位置微动开关 S8 或工作位置微动开关 S9 接点不到位或损坏等。

根据开关所处位置，测量相应的接点是否到位，接点是否导通。由此判断手车开关不到位还是微动开关不到位或损坏。

3. 结论建议

开关柜闭锁时，说明开关手车处于非正常状态，此时开关是不能正常合闸的。

处理时的安全要求：一般情况下需将开关改为冷备用状态。在处理过程中，需要将开关手车拉出至试验位置，或推至工作位置，判断接点是否正常。改变手车位置时，需要告知当值的运行人员，并由运行人员配合操作。

任务三　开关柜相关保护配置

【任务描述】

本任务主要介绍开关柜相关保护的配置情况，讲解反时限过电流保护、定时限过电流保护、电流速断保护、三段式过电流保护装置、零序电流保护的基本原理。

【知识要点】

高压开关柜所配置的保护通常采用集保护与测控于一体的微机装置，由电源、交流采样、CPU、开入开出、人机对话等模块构成。根据所保护对象的不同，分为线路保护测控装置、电容器保护测控装置、接地变压器保护测控装置、分段保护测控装置等。除满足继电保护的选择性、快速性、灵敏性、可靠性的要求外，同时满足遥测、遥控、遥调、遥脉的要求。

开关柜保护测控装置通常安装在开关柜二次仓的柜门上，同时配置了控制把手、电压互感器、指示灯、复归按钮等配件，如图 6-12 所示。

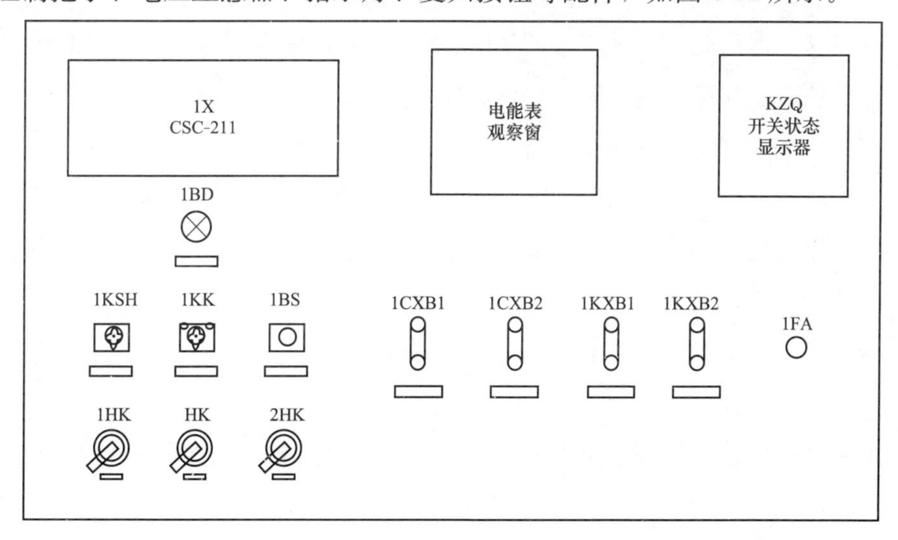

图 6-12　开关柜二次仓柜门布置图

一、反时限过电流保护

1. 反时限过电流保护的定义

继电保护的动作时间与短路电流的大小有关，短路电流越大，动作时间越短；短路电流越小，动作时间越长，这种保护就叫作反时限过电流保护。

2. 反时限过电流保护原理

当供电线路发生相间短路时，感应型继电器 KA1 或（和）KA2 达到整定的一定时限后动作，首先使其常开触点闭合，这时断路器的脱扣器 YR1 或（和）YR2 因有 KA1 或（和）KA2 的常闭触点分流（短路），而无电流通过，故暂时不会动作。但接着 KA1 或（KA2）的常闭触点断开，因 YR1 或（和）YR2 因“去分流”而通电动作，使断路器跳闸，同时继电器本身的信号指示牌掉下，给出信号。

二、定时限过电流保护

1. 定时限过电流保护的定义

继电保护的动作时间与短路电流的大小无关，时间是恒定的，时间是靠时间继电器的整定来获得的。时间继电器在一定范围内是连续可调的，这种保护方式就称为定时限过电流保护。

2. 定时限过电流保护的基本原理

10kV 中性点不接地系统中，广泛采用的两相两继电器的定时限过电流保护的原理接线图。它是由两只电流互感器和两只电流继电器、一只时间继电器和一只信号继电器构成。当被保护线路只设有一套保护，且时间继电器的容量足大时，可用时间继电器的触点去直接接通跳闸回路，而省去出口中间继电器。

当被保护线路中发生短路故障时，电流互感器的一次电流急剧增加，其二次电流随之成比例的增大。当 TA 的二次电流大于电流继电器的起动值时，电流继电器动作。由于两只电流继电器的触点是并联的，故当任一电流继电器的触点闭合，都能接通时间继电器的线圈回路。这时，时间继电器就按照预先整定的时间动作使其接点吸合。这样，时间继电器的触点又接通了信号继电器和出口中间继电器的线圈，使其动作。出口中间继电器的触点接通了跳闸线圈回路，从而使被保护回路的断路器跳闸切断了故障回路，保证了非故障回路的继续运行。而信号继电器的动作使信号指示牌掉下并发出警报信号。

由上不难看出，保护装置的动作时间只取决于时间继电器的预先整定的时间，而与被保护回路的短路电流大小无关，所以这种过电流保护称为定时限过电流保护。

三、电流速断保护

1. 电流速断保护的定义

电流速断保护是一种无时限或略带时限动作的一种电流保护。它能在最短的时间内迅速切除短路故障，减小故障持续时间，防止事故扩大。电流速断保护又分为瞬时电流速断保护和略带时限的电流速断保护两种。

2. 瞬时电流速断保护的基本原理

瞬时电流速断保护的原理与定时限过电流保护基本相同，只是由一只电磁式中间继电器替代了时间继电器。中间继电器的作用有两个：①因电流继电器的触点容量较小，不能直接接通跳闸线圈，用以增大触点容量；②当被保护线路上装有熔断器时，在两相或三相避雷器同时放电时，将造成短时的相间短路。但当放完电后，线路即恢复正常，因此要求速断保护既不误动，又不影响保护的快速性。利用中间继电器的固有动作时间，就可避开避雷器的放电动作时间。

四、三段式过电流保护装置

由于瞬时电流速断保护只能保护线路的一部分，所以不能作为线路的主保护，而只能作为加速切除线路首端故障的辅助保护；略带时限的电流速断保护能保护线路的全长，可作为本线路的主保护，但不能作为下一段线路的后备保护；定时限过电流保护既可作为本级线路的后备保护（当动作时限短时，也可作为主保护，而不再装设略带时限的电流速断保护），还可以作为相邻下一级线路的后备保护，但切除故障的时限较长。

一般情况下，为了对线路进行可靠而有效的保护，也常把瞬时电流速断保护（或略带时限的电流速断保护）和定时限过电流保护相配合构成两段式电流保护。

对于第一段电流保护，究竟采用瞬时电流速断保护，还是采用略带时限的电流速断保护，可由具体情况确定。如用于线路—变压器组接线保护时，以采用瞬时电流速断保护为佳。因为在变压器高压侧故障时，切除变压器和切除线路的效果是一样的。此时，允许用线路的瞬时电流速断保护，来切除变压器高压侧的故障。也就是说，其保护范围可保护到线路全长并延伸到变压器高压侧。这时的第一段电流保护可以作为主保护；第二段一般均采用定时限过流保护作为后备保护，其保护范围含线路—变压器组的全部。

通常在被保护线路较短时，第一段电流保护均采用略带时限的电流速断保护作为主保护；第二段采用定时限过流保护作为后备保护。在实际中还常采用三段式电流保护。就是以瞬时电流速断保护作为第一段，以加速切除线路首端的故障，用作辅助保护；以略带时限的电流速断保护作为第二段，以保护线路的全长，用作主保护；以定时限过电流保护作为第三段，以作为线路全长和相临下一级线路的后备保护。

因为这种保护的设置可以在相临下一级线路的保护或断路器拒动时，本级线路的定时限过流保护可以动作，起到远后备保护的作用；如果本级线路的主保护（瞬时电流速断或略带时限的电流速断保护）拒动时，则本级线路的定时限过电流保护可以动作，以起到近后备的作用。

五、零序电流保护

发电机或变压器的中性点运行方式，有中性点不接地、中性点经消弧线圈接地和中性点直接接地三种方式。10kV 系统采用的是中性点不接地的运行方式。系统运行正常时，三相是对称的，三相对地间均匀分布有电容。在相电压作用下，每相都有一个超前90°的电容电流流入地中。这三个电容电流数值相等、相位相差120°，其和为零，中性点电位为零。

假设A相发生了一相金属性接地时，则A相对地电压为零，其他两相对地电压升高为线电压，三个线电压不变。这时对负荷的供电没有影响。按规程规定还可继续运行2h而不必切断电路。这也是采用中性点不接地的主要优点，但其他两相电压升高，线路的绝缘受到考验，有发展为两点或多点接地的可能，应及时发出信号，通知值班人员进行处理。

当网络比较复杂、出线较多、可靠性要求高，采用绝缘监察装置是不能满足运行要求时，可采用零序电流保护装置。它是利用接地故障线路零序电流较非接地故障线路零序电流大的特点构成的一种保护装置。

【技能要领】

1. 开关柜保护装置的调试依据

Q/GDW 1799.1—2013《国家电网公司电力安全工作规程（变电部分）》

《国家电网公司现场标准化作业指导书编制导则（试行）》（国家电网生〔2004〕503号）

Q/GDW 267—2009《继电保护及电网安全自动装置现场作业保安规定》

DL/T 587—2007《微机保护装置运行管理规程》

DL/T 955—2006《继电保护及电网安全自动装置校验条例》

继电保护装置生产厂家的技术说明书、使用说明书

2. 开关柜保护装置的调试准备

根据运行、试验中发现的问题，梳理全部缺陷，确定检修重点，明确检修项目及施工技术措施。

组织检修力量，安排检修计划及进度，落实责任。

准备施工工具、材料、备品备件、测试检验仪器等。

进行危险点分析并落实安全控制措施。

严格执行主要作业程序、操作内容及工艺标准。

3. 保护装置故障的处理方法

(1) 直观法。处理一些无法用仪器逐点测试，或某一插件故障一时无备品更换，而又想将故障排除的情况。比如10kV开关柜拒分或拒合故障处理。在操作命令下发后，观察到合闸接触器或跳闸线圈能动作，说明电气回路正常，故障存在于机构内部。到现场如直接观察到继电器内部明显发黄，或某个元器件发出浓烈的焦味等便可快速确认故障所在，更换损坏的元件即可。

(2) 掉换法。用完整的或认为功能正常的相同元件代替怀疑的或认为有故障的元件，来判断它的好坏，可快速地缩小查找故障范围，这是处理综合自动化保护装置内部故障最常用方法。当一些微机保护故障，或一些内部回路复杂的单元继电器，可用附近备用或暂时处于检修的插件、继电器取代它。

(3) 逐项拆除（排除）法。将并联在一起的二次回路顺序分解，然后再依次放回，一旦故障出现，就表明故障存在哪路。再在这一路内用同样方法查找更小的分支路，直至找到故障点。此法主要用于查直流接地，交流电源熔丝放不上等故障。举例如下：

找直流接地故障时，先通过拉路法，根据负荷的重要性，分别短时拉开直流屏所供直流负荷各回路，切断时间不得超过3s，当切除某一回路故障消失，则说明故障就在该回路之内，再进一步运用拉路法，确定故障所在支路；再将接地支路的电源端端子分别拆开，直至查到故障点。

电压互感器二次熔丝熔断，回路存在短路故障或二次交流电压互串等现象时，可从电压互感器二次短路相的总引出处将端子分离，此时故障消除；然后逐个恢复，直至故障出现，再分支路依次排查。

当整套装置的保护熔丝熔断或电源空气开关合不上时，则可通过各块插件的拔插排查，并结合观察熔丝熔断情况变化来缩小故障范围。

保护装置发控制回路断线信号，可以在保护屏用万用表测量到开关柜电缆的合、分闸回路的电位，初步就可以判断故障点在开关柜还是在保护装置上，然后进一步排除故障。

【典型案例一】 保护装置运行指示灯灭

一、案例描述

开关柜保护装置运行指示灯灭，保护液晶屏无显示。

二、原因分析

保护装置运行指示灯灭时，保护功能可能失去作用，需将该线路间隔改为冷备用状态处理。

1. 保护装置面板故障

若保护装置无显示，但是遥信、遥测数据上传正常，则可以判断为保护装置面板故障。

处理方案：断开保护装置直流电源空气开关，断开面板通信线，将面板抽出，并进行相关测试以确定故障点。确定后对故障元件进行更换，或直接更换面板。更换后合上保护装置直流电源空气开关，进行相关测试确认面板恢复正常。

注意：更换面板时，需要确定面板的选型和版本是否匹配，防止因面板不匹配导致再次异常；更换面板后，为防止地址冲突，应先对新面板的通信地址、通信串口设置按原面板的参数进行设置，然后方可恢复通信线。更换后面板后，可通过键盘试验、调定值、检查采样值等操作，检查新面板功能是否正常。

2. 保护用直流电源回路故障

用万用表“直流电压”档位在保护装置背面端子排电源输入处测量直流电源电压，若直流电源电压不正常，则检查从保护装置背面端子排至屏顶小母线的配线是否存在断线、短路、绝缘破损、接触不良等情况，空气开关是否正常（不考虑全站直流电压回路异常的情况）。

二次配线断线、短路、绝缘破损、接触不良的处理方案：对二次配线进行紧固或更换。特别要注意自屏顶小母线的配线更换时要先拆电源侧，再拆负荷侧；恢复时先恢复负荷侧，后恢复电源侧。

直流电压空气开关故障的处理方案：更换直流电压空气开关。需要注意空气开关上桩头的配线带电，工作中需用绝缘胶带包扎好，防止方向套脱落。更换完毕后，对二次线再次进行检查、紧固。

3. 装置电源插件故障

若保护装置输入直流电压正常，装置无显示，且遥信、遥测数据都中断，则可以初步判断为保护装置电源插件故障。

处理方案：处理时断开保护装置直流电源空气开关，将电源插件抽出，并进行相关测试以确定故障点。对故障元件进行更换或直接更换电源插件。更换后合上保护装置直流电源空气开关，此时保护装置启动。一段时间后观察通信情况是否恢复正常，运行指示灯与告警灯的指示是否正常。

注意：新更换的电源插件直流电源额定电压应与原保护装置的直流电源额定电压相一致。

三、防控措施

保护装置运行指示灯灭（闪烁），故障原因主要有保护用直流电源回路故障、保护装置电源插件和面板故障等。对保护装置进行外部检查，注意除告警灯外是否有其他异常信号，各种正常运行监视灯、面板显示是否正常，注意保护装置有无异常声响、焦臭气味、冒烟、冒火及其他异常现象。

按以下步骤测试判断：若装置输入直流电压正常而输出不正常，则可判断为电源板故障；若装置直流电源输入、输出均正常，则可以判断仅为面板故障引起；若装置电源板、面板均正常，则可以判断可能为CPU插件故障引起运行灯闪烁。

【典型案例二】 保护装置告警灯亮且无法复归

一、案例描述

开关柜保护装置告警灯亮，液晶屏幕显示告警信息，告警灯无法复归。

二、过程分析

保护装置告警灯亮信号无法复归，应检查装置最新自检报告，查看告警原因并做相应处理，若装置最新自检报告无异常报告则说明保护装置内部故障（通过更换面板、CPU 插件或逻辑插件来消除故障）。

告警信息分为Ⅰ类告警和Ⅱ类告警。Ⅰ类告警属于严重告警，告警后将切断 CPU 的＋24V 电源，此时保护装置将失去保护功能；Ⅱ类告警用于检测到装置异常但不必切断＋24V 电源的场合，如外部异常、操作错误等告警，此时保护装置未失去保护功能。四方 CSL 系列的，Ⅰ类告警如表 6-1所示。

表 6-1　　保护装置Ⅰ类告警

编号	告警信息	处理对策
1	模拟量输入错	更换 VFC 板或 CPU 插件
2	ROM 校验错	更换 CPU 插件
3	定值错	重新固化该区定值，如无效请更换 CPU 插件
4	定值区指针错	投入压板或切换定值区如无效请更换 CPU 插件
5	开出无响应	更换 CPU 插件
6	开出击穿	更换 CPU 插件

Ⅱ类告警如表 6-2 所示。

表 6-2　　保护装置Ⅱ类告警

编号	告警信息	处理对策
1	开入告警	检查屏上开入端子是否击穿，如无效请更换 CPU 插件
2	VFC 不可自动调整	手动调整电位器
3	面板时钟芯片坏	更换 MMI 板

三、结论建议

保护装置告警无法复归，故障原因主要有装置内部插件故障、操作错误或外部回路异常等。

若根据保护液晶显示的报文判断是外部回路引起的故障，处理时应注意防止误碰、误断、误短接，若判断是装置内部插件故障需将该线路间隔改为冷备用状态处理。

【典型案例三】 保护装置通信中断

一、案例描述

开关柜保护测控装置通信中断，后台所对应的间隔画面数据不刷新。

二、技术方案

保护测控装置通信中断，故障原因主要有通道故障、直流电源回路故障、保护装置电源插件或面板故障等。

通过以下检查判断故障点：保护测控装置面板运行灯不正常时，检查直流电源，如输入电压不正常，则可以判断为直流电源回路故障；保护测控装置面板运行灯不正常，而输入电压正常，则可以初步判断为电源板故障；保护测控装置面板运行灯正常，但遥测、遥信数据不刷新，则可以判断为面板故障；若保护测控装置面板运行正常，数据刷新正常起个按键操作正常，仅与监控后台通信不正常，则可以判断为通信通道故障。

三、结论建议

若保护测控装置通信中断是由于通信通道故障引起，则无需将保护改信号；若为保护测控装置电源回路或插件故障引起，将导致保护失去，需将该线路间隔改为冷备用状态处理。

项目七

练 绝 活

【项目描述】

本项目包含开关柜检修工作中浙电劳模自创的“小绝活”，通过此类技巧的学习，启发检修人员发挥创新能力，弘扬检修“工匠”精神。

任务一　开关柜内 VS1 型断路器合闸弹簧拆装“小绝活”

【任务描述】

本任务主要讲解了 KYN28-12 开关柜内 VS1 型断路器合闸弹簧的快速拆装方法。该拆卸方法无需借助专用工具，现场使用非常方便，检修人员能够快速掌握。

【知识要点】

KYN28-12 开关柜内 VS1 型断路器操动机构储能电机是实现断路器正常分、合闸的重要部件。储能电机一旦出现损坏，将导致断路器的不能正常工作从而影响供电可靠性。而储能电机故障处理的关键就是合闸弹簧的拆卸，常规合闸弹簧的拆卸需要使用专用工具，除此之外还有一种快速拆装的“小绝活”，现场使用很方便。

【技能要点】

1. 现场安全措施

断开断路器二次电源，取下航空插头。然后手动分合操作断路器，释放弹簧能量，确认断路器处于未储能且分闸状态。打开机构箱门，再次确认弹簧能量已释放，如图 7-1 所示。

2. 合闸弹簧的拆卸

（1）卸下合闸弹簧下部定位销一边卡簧，如图 7-2 所示。

（2）取截面为 2.5mm^2 的软股对折导线约 80cm。量好尺寸，具体尺寸为前柜右边处一直到机构箱门左开槽处，如图 7-3 所示。打好结，减去多余部分并拉紧。将做好的导线撸直，对折，如图 7-4 所示。

图 7-1　能量释放后的断路器操动机构内部示意图

图 7-2　现场操作示范图一

图 7-3　现场操作示范图二

图 7-4　现场操作示范图三

（3）将对折后的导线，无结的一头弯出一道弧度。将带弧度一头导线绕过合闸弹簧。这里要注意的是：导线绕过弹簧后，无结一头穿过有结一头，同时导线无结部分需要压住结头已防止装卸过程中结松垮。包绕位置为第五至第六根弹簧处。然后拉紧线头，使导线紧紧包绕弹簧，线头穿过手车左边操作把手，如图 7-5 所示。

图 7-5　现场操作示范图四

（4）使用长柄螺丝刀穿过线头，再穿过下柜孔借助柜孔下拉受力。左手虎口向下，拇指、中指、无名指、小拇指用于握紧弹簧，食指用于拨开弹簧固定销，右手握住长柄螺丝刀，如图 7-6 所示。

（5）开始拆卸弹簧，右手向下拉下螺丝刀，给弹簧一个向前下方的力，使弹簧适当延长。左手握紧弹簧处用于前后摆动，在适当位置时用食指推开定位销，取下弹簧，如图 7-7 所示。临时时固定弹簧后，即可对电机进行拆卸，如图 7-8 所示。

图 7-6 现场操作示范图五

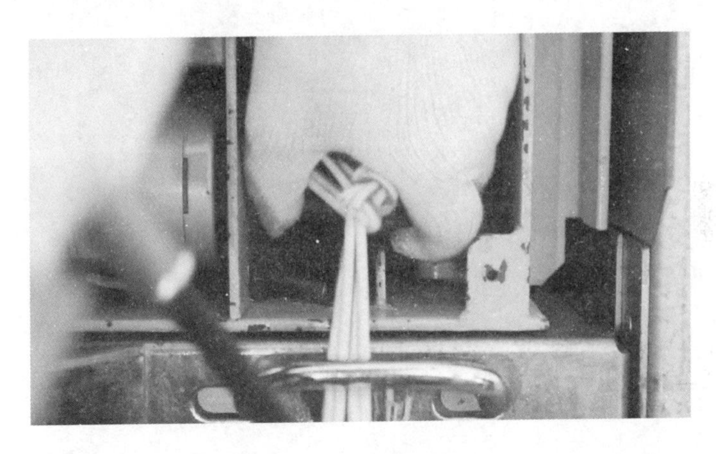

图 7-7 现场操作示范图六

（6）装复过程与拆卸过程大致相同，首先将弹簧固定销摆好位置，放下弹簧，然后同样左手虎口向下，用于握紧弹簧，右手向下拉下螺丝刀，适当位置时用拇指推入定位销，最后装回卡簧，如图 7-9 所示。

快速拆卸合闸弹簧可总结为三步：①拉开电机空开；②取下航空插头；③释放弹簧能量，防止断路器误动引起人体伤害。

图 7-8　现场操作示范图七

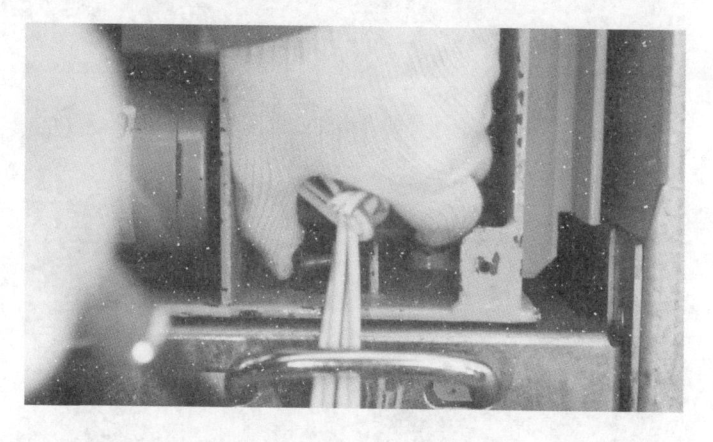

图 7-9　现场操作示范图八

合闸弹簧拆装的方法步骤总结为：拆步骤为卸—量—包—拉—推—放。装步骤为拉—推—放—扣。

任务二　开关柜内断路器手车梅花触指拆装“小绝活”

【任务描述】

本任务主要讲解开关柜内断路器手车梅花触指的快速拆装方法。该拆卸方法无需借助专用工具，现场使用非常方便，检修人员能够快速掌握。

【知识要点】

开关柜内断路器手车梅花触指是实现断路器通流和隔离的重要部件。由于开关柜内断路器手车长期通过负荷电流，或者摇入摇出操作，手车梅花触指产生弹性疲劳，导致接触电阻增大，影响导电能力，最终导致断路器不能正常工作从而影响供电可靠性。而手车梅花触指处理的关键就是梅花触指的拆卸，下面介绍的快速拆装“小绝活”无需使用专用工具，现场使用非常方便。

【技能要点】

1. 现场安全措施

断开断路器二次电源，取下航空插头。然后手动分合操作断路器，释放弹簧能量；确认断路器处于未储能且分闸状态。拉出开关柜手车至开关柜外侧，确认开关柜触头活门已关闭。

2. 断路器手车梅花触指拆装

（1）使用一字螺丝刀将触头机构侧内外弹簧的内侧弹簧移至外侧弹簧的外侧，如图 7-10 和图 7-11 所示。

图 7-10 现场操作示范图一

图 7-11 现场操作示范图二

（2）将双手大拇指呈“点赞”状态，两拇指并拢朝下，伸入梅花触头内侧下根部，朝下呈 45°方向用力抠，使触头弹簧适当延长后，向外抽出触头，如图 7-12 和图 7-13 所示。

图 7-12 现场操作示范图三

图 7-13 现场操作示范图四

（3）装复过程与拆卸过程略有不同，首先梅花触指上部卡入触指凹槽，使用大拇指将触片逐个调整卡入凹槽，摆好位置呈自然状，移回弹簧，如图 7-14～图 7-16 所示。

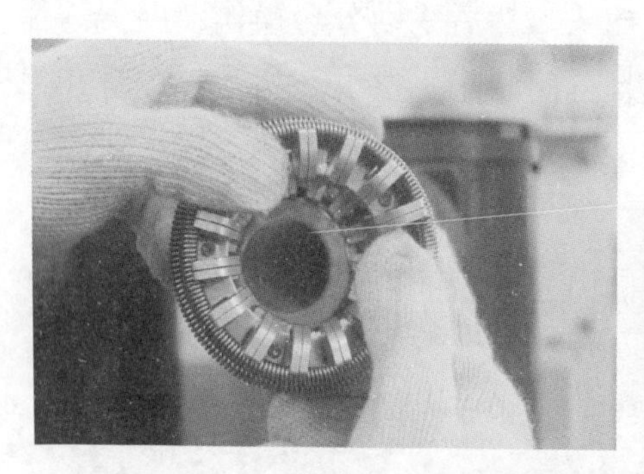

图 7-14 现场操作示范图五

图 7-15 现场操作示范图六

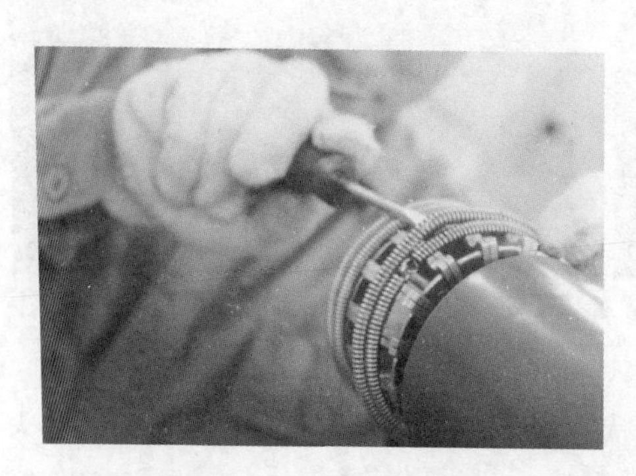

图 7-16 现场操作示范图七

快速触指拆卸可总结为三步：①拉开电机空气开关；②取下航空插头；③释放弹簧能量，拉出手车。

触指拆装的方法步骤总结为：拆步骤为移—赞—抠—抽，装步骤为卡—调—摆—移。拆装弹簧注意防止弹簧受损伤，装复后需重点检查弹簧情况。

任务三 开关柜底盘车常见缺陷处理“小绝活”

【任务描述】

本任务主要讲解 KYN28-12 开关柜内 VS1 型底盘车的常见缺陷故障，利用 10kV 断路器底盘车检修专用工具，可以快速检修底盘车，有效解决了返厂检修的难题。该装置可现场组装及拆卸，两人搬运即可，现场使用非常方便。

【知识要点】

10kV 手车式断路器“五防”闭锁结构主要设计于底盘车身中，底盘车机构如图 7-17 所示，包括具有联锁轴的底盘车和断路器操动机构侧板，而底盘车闭锁装置包括电磁铁和联锁杆，联锁杆的闭锁装置还包括联锁弯板。不少变电站内 KYN28-12 型开关柜的手车式断路器底盘车经常出现行程开关损坏、联锁弯板断裂、联锁杆弯曲、涡轮蜗杆损坏四类缺陷。

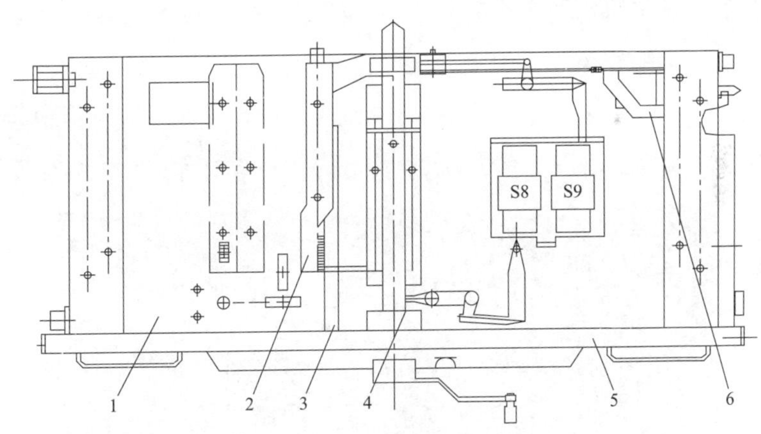

图 7-17 底盘车结构示意图

1—车架；2—联锁弯板；3—联锁左板；4—涡轮蜗杆；
5—定位架；6—联锁杆 S8、S9—微动开关

由于断路器本体重量大，为了检修安全，底盘车检修必须将其从断路器本体分离，利用活动扳手拆除底座上的两枚螺栓即可。但是现场缺少能可靠提高断路器本体的升降装置，只能将断路器本体返厂检修。而每次返

厂检修至少需要 3 人抬运、工程车回来 4 次（有些较远的变电站需要隔天返回）、吊装 1 次。检修方式如图 7-18 所示。

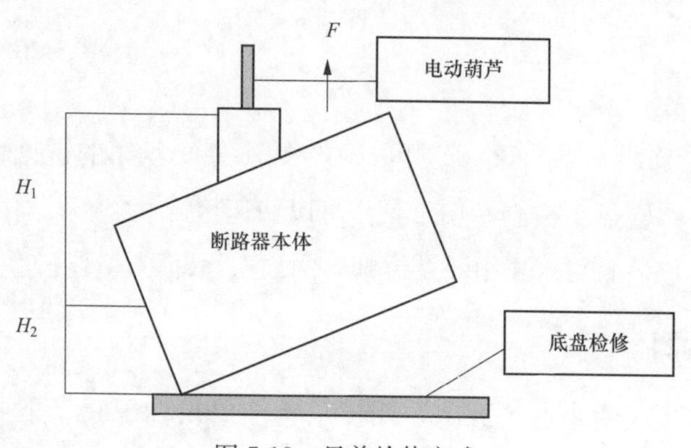

图 7-18 目前检修方式

【技能要点】

制作一台专用底盘车检修专用工具（见图 7-19），达到现场快速检修底盘车的目的。该工具需要一个升降装置箱，里面包括折叠的三角底座、手动液压泵、单轨伸缩横梁、曳引链、连接螺栓 3 枚、插销 4 枚，两人搬运即可。组装过程，打开折叠的三角底座，插入活动插销固定并调整好支撑腿，拧上手动液压泵上下螺栓，连接上横梁螺栓，组装完成，整个组装过程不超过 10min。

图 7-19 装置实物示意图

手车本体的起吊如图 7-20 和图 7-21 所示。断路器的操动机构外壳上有吊装孔洞，装置横杆下面装有专用起重功能的曳引链，挂钩采用安全带安全钩，链条夹角最好不宜超过 60°。

图 7-20 装置起吊示意图

图 7-21 底盘检修示意图

检修人员在装置的外侧完成对断路器底盘车的检修与调试，整个外侧操作空间较大，且不会与装置内侧的起重臂产生干涉，便于检修人员局部放电进行检修。

任务四 开关柜局部放电整治“小绝活”

【任务描述】

本任务主要讲解了开关柜局部放电整治的一种新方案，该方案解决了传统处理方式的不足，能够很好地整治开关柜局部放电。

【知识要点】

开关柜局部放电会对设备绝缘产生严重的危害，对开关柜的安全稳定运行是一种隐患。开关柜局部放电传统处理方式是将开关柜停电检修，根据带电检测的结果对绝缘件进行检查处理。然而，这样的处理方式也存在着不足：由于开关柜的结构原因，带电检测时无法区分局部放电的相别，更加难以准确定位；停电检修时对绝缘件的外观检查也不易发现一些微小的放电痕迹。因此，在处理开关柜局部放电时就容易产生遗漏，造成重复检修，留下安全隐患。为此，提出一种全新的开关柜局部放电处理方案。该方案的核心是在绝缘件处理的过程中开展带电检测，确定局部放电的相别和位置后再进行处理，能将局部放电消除在处理阶段。

【技能要点】

1. 逐相加压

选取一个间隔作为电压注入点，通过无局部放电工频耐压试验设备将开关柜逐相加至运行电压，注意非加压相应短接接地，如图 7-22 和图 7-23 所示。

图 7-22 现场操作示范图一

图 7-23 现场操作示范图二

2. 带电检测

在加压的情况下使用开关柜局部放电检测仪进行带电检测，如图 7-24 所示。

图 7-24 现场操作示范图三

3. 确定局部放电源位置

由于是逐相加压，这样便可确定局部放电的相别和位置。检测时还应结合带电检测的历史数据，对有怀疑的间隔重点关注，在保证安全的前提下还可以适当加高电压，激发局部放电，以便准确定位。

4. 绝缘件处理

根据带电检测的结果对存在局部放电的绝缘件进行处理，如图 7-25 所示。

图 7-25 现场操作示范图四

5. 复查

在处理完绝缘件后需进行复查，即再次逐相加压并使用开关柜局部放电检测仪进行带电检测，若发现局部放电信号，可根据上述步骤再次进行定位、处理，直至局部放电全部消除，如图 7-26 所示。

图 7-26　现场操作示范图五

6. 现场工作结束

在全部工作完成后，清理工作场地，并终结工作票。

7. 投运后跟踪检测

在设备投运后，可对其进行跟踪检测。在工作中要注意收集分析局部放电案例，优化完善局部放电处理步骤。

参 考 文 献

[1] 国网浙江省电力公司绍兴供电公司. 变电站运维技能培训教材 [M]. 北京：中国电力出版社，2016.

[2] 熊泰昌. 真空开关电器及其成套装置 [M]. 北京：中国水利水电出版社，2015.

[3] 熊泰昌. 中压开关设备实用手册 [M]. 北京：中国电力出版社，2010.

[4] 张涛，苏长宝，等. 高压开关柜安装与检修 [M]. 北京：中国电力出版社，2014.

[5] 周仉平. 实用电气二次回路 200 例 [M]. 北京：中国电力出版社，2002.

[6] 王季梅. 真空熔断器及其产品开发 [M]. 北京：中国电力出版社，2006.

[7] 中国电气工程大典编辑委员会主编. 中国电气工程大典 第 10 卷 输变电工程 [M]. 北京：中国电力出版社，2009.

[8] 汪洪明. 变配电设备典型事故或异常 100 例 [M]. 北京：中国电力出版社，2017.

[9] 单文培，廖宇仲，等. 电力设备异常运行及事故处理 [M]. 北京：中国电力出版社，2017.

[10] 国网宁夏电力公司培训中心. 变电站运维标准化实训手册 [M]. 北京：中国电力出版社，2017.

[11] 董建新，等. 变电运维一体化作业实例 [M]. 北京：中国电力出版社，2017.

[12] 国家电网公司人力资源部 组编. 国家电网公司生产技能人员职业能力培训专用教材变电检修 [M]. 北京：中国电力出版社，2010.

[13] 国家电网公司运维检修部. 国家电网公司十八项电网重大反事故措施（修订版）辅导教材 [M]. 北京：中国电力出版社，2012.

[14] 电力行业职业技能鉴定指导中心. 变电检修（第二版）[M]. 北京：中国电力出版社，2009.

[15] 国家电网公司运维检修部. 国家电网公司十八项电网重大反事故措施（修订版）及编制说明 [M]. 北京：中国电力出版社，2012.

[16] 朱德恒，严璋，谈克雄，等. 电气设备状态监测与故障诊断技术 [M]. 北京：中国电力出版社，2009.

[17] 雷玉贵. 变电检修 [M]. 北京：中国水利水电出版社，2006.

[18] 王向臣，徐伟，程云峰. 电力工人技术等级暨职业技能鉴定培训教材（变电检修工）

[M]．北京：中国水利水电出版社，2009.

[19] 陈天翔，王寅仲，海世杰．电气试验-2版［M]．北京：中国电力出版社，2008.

[20] 李建明，朱康，等．高压电气设备试验方法（第二版）［M]．北京：中国电力出版社，2001.

[21] 何文林．互感器与电容器［M]．北京：中国电力出版社，2003.